NCS National Competency Standards
http://www.ncs.go.kr

NCS 기초피부관리

박은경 · 이정희 저

구민사

Preface

머리말

2002년, 일-교육 · 훈련-자격을 연계하기 위해 국가직무능력표준(NCS, National Competency Standards) 제도가 도입되었습니다. 또한 '능력중심사회'가 정부의 국정과제로 확정됨에 따라 공공기관 및 공기업에 NCS 기반 능력중심채용이 점진적으로 확대되고 있는 실정입니다. 이와 발맞추어 현재 기업체, 교육훈련기관, 자격시험기관, 대학 등에서 국가직무 능력 표준을 활용하고 있습니다.

피부미용에서도 국가직무능력표준 제도가 도입되어 활용되고 있으며 2016년 보완 변경되었습니다. 인체를 전반을 다루는 영역의 뷰티산업은 건강을 중요시하는 트랜드와 맞물려 해를 거듭할수록 급성장하고 있습니다. 피부미용분야 기초피부관리 영역에서도 2016년 변경된 NCS기반에 맞는 학습모듈을 활용한 체계적 교육이 필요하게 되었습니다. 이에 본 교재는 변경된 NCS능력단위를 중심으로 기존 학습모듈에 근간을 두고 편찬하였습니다. 기존 학습모듈보다 수행준거를 비교적 자세히 안내하여 실습 시 학생들의 이해를 돕고, 대학외 교육훈련기관에서 학습하고 시험을 준비하는 이들이 보다 효율적이고 현실적인 학습이 이루어지도록 실무중심과 국가자격 중심 그리고 산업현장 직무에 맞게 내용을 수록하였습니다. 가능한 한 쉽고 편하게 수용할 수 있도록 많은 이미지를 삽입하여 이해를 돕고자 노력하였습니다.

피부미용을 공부하고자 하는 학습자들에게 쉽고 편안한 도움이 되길 바라며, 편찬에 많은 도움을 주신 구민사 가족분들게 감사의 마음을 전합니다.

저자 일동

Contents

1장

2장

3장

CHAPTER 01 국가직무능력표준(NCS)

1. 국가직무능력표준(NCS)의 이해

1) 국가직무능력표준(NCS)의 개념

NCS란?

국가직무능력표준(NCS : National Competency Standards)은 산업현장에서 직무를 수행하기 위해 요구되는 지식 · 기술 · 소양 등의 내용을 국가가 산업부문별 · 수준별로 체계화한 것을 말한다(자격기본법 제2조 1항). 산업현장의 직무를 성공적으로 수행하기 위해 필요한 능력(지식, 기술, 태도)을 국가적 차원에서 표준화한 것이다.

※출처 – 국가직무능력표준(http://www.ncs.go.kr)

2) 국가직무능력표준(NCS)의 개념도

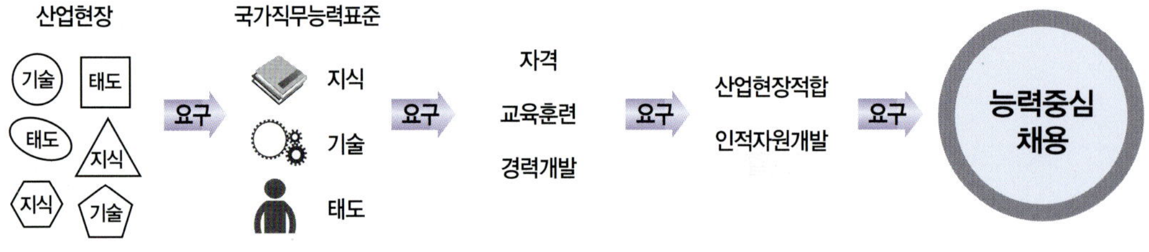

▶ NCS개념도

3) 국가직무능력표준(NCS)의 분류체계

(1) 분류

직무의 유형(Type)을 중심으로 국가직무능력표준(NCS)의 단계적 구성을 나타내는 것이 국가직무능력표준의 분류체계이다.

한국고용직업분류(KECO: Korean Employment Classification of Occupations)를 중심으로 한국표준직업분류, 한국표준산업분류 등을 참고하여 분류되었으며, '대분류 → 중분류 → 소분류 → 세분류' 의 순으로 구성되었다.

(2) 분류체계도

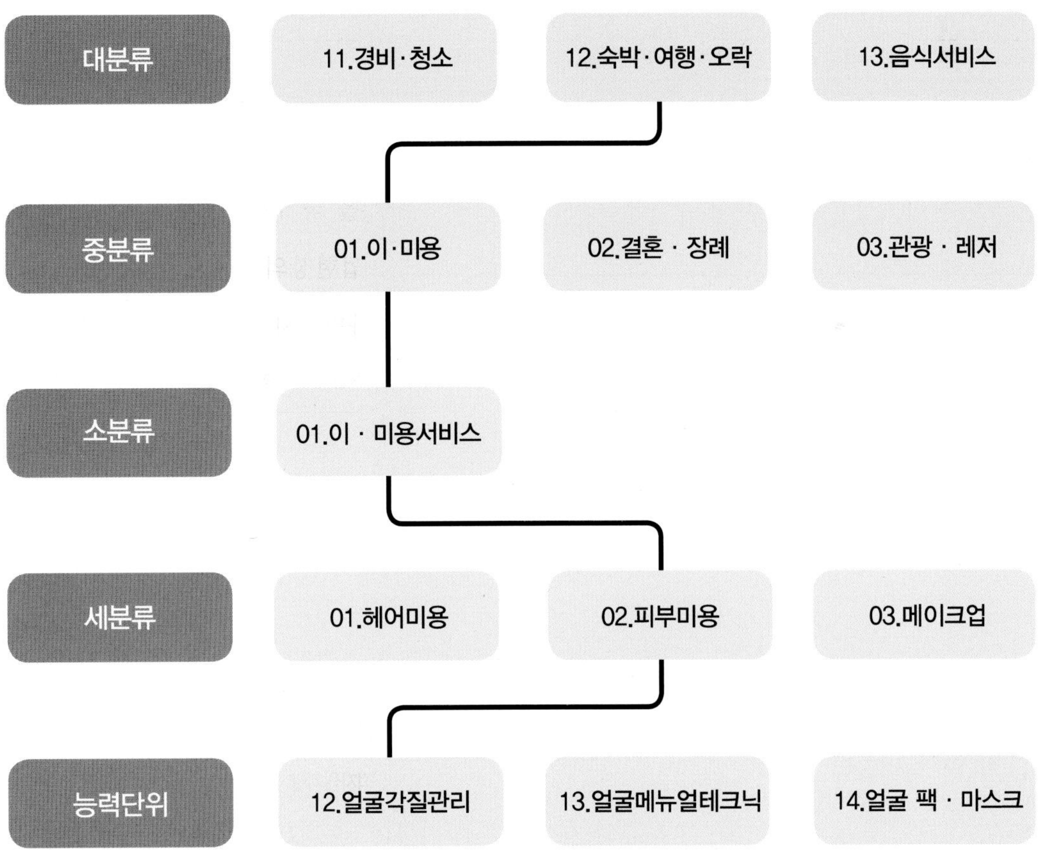

▶ 피부미용 얼굴각질관리 분류체계(예시)

(3) 분류번호 체계

국가직무능력표준(NCS)의 분류번호는 국가직무능력표준의 구성단위인 능력단위에 대한 식별번호로 대분류, 중분류, 소분류, 세분류, 능력단위 및 개발연도로 구성된다.

피부미용 고객상담 1201010201_16v2

⬇

12	01	01	02	01	–	16	v2
대분류	중분류	소분류	세분류	능력단위	–	개발연도	버전

▶ 피부미용 고객상담(예시)

(4) 국가직무능력표준(NCS)의 구성

① 직무와 능력단위

직무는 국가직무능력표준(NCS) 분류의 세분류를 의미하며, 능력단위는 국가직무능력표준 분류의 하위단위이다.

직무
1.능력단위
능력단위요소
적용범위 및 작업상황
평가지침
직업기초능력
수행준거
지식
기술
태도
1.능력단위
능력단위요소
적용범위 및 작업상황
평가지침
직업기초능력
수행준거
지식
기술
태도

▶ 직무와 능력단위

② 능력단위의 구성

NCS는 능력단위 코드, 능력단위 정의, 능력단위 요소, 수행 준거, 지식 · 기술 · 태도, 적용 범위 및 작업 상황, 평가 지침, 직업기초능력으로 구성된다.

구성항목	내용
능력단위분류번호(competency unit code)	능력단위를 구분하기 위하여 부여되는 일련번호로서 14자리로 표현
능력단위명칭(competency unit title)	능력단위의 명칭을 기입한 것
능력단위정의(competency unit description)	능력단위의 목적, 업무수행 및 활용범위를 개략적으로 기술
능력단위요소(competency unit element)	능력단위를 구성하는 중요한 핵심 하위능력을 기술
수행준거(performance criteria)	능력단위요소별로 성취여부를 판단하기 위하여 개인이 도달해야 하는 수행의 기준을 제시
지식 · 기술 · 태도(KSA)	능력단위요소를 수행하는 데 필요한 지식 · 기술 · 태도
적용범위 및 작업상황 (range of variable)	능력단위를 수행하는데 있어 관련되는 범위와 물리적 혹은 환경적 조건 능력단위를 수행하는 데 있어 관련되는 자료, 서류, 장비, 도구, 재료
평가지침(guide of assessment)	능력단위의 성취여부를 평가하는 방법과 평가시 고려되어야 할 사항
직업기초능력(key competency)	직업인으로서 기본적으로 갖추어야 할 공통능력

▶ 능력단위의 구성

③ 수준체계

산업현장 직무의 수준을 체계화한 것으로, '산업현장-교육훈련-자격' 연계·평생학습능력 성취 단계 제시 등에 활용하며, 8단계의 수준체계에 따라 능력단위 및 능력단위요소별 수준을 제시하고 있다.

수준	항목	내용
8수준	정의	해당분야에 대한 최고도의 이론 및 지식을 활용하여 새로운 이론을 창조할 수 있고, 최고도의 숙련으로 광범위한 기술적 작업을 수행할 수 있으며 조직 및 업무 전반에 대한 권한과 책임이 부여된 수준
	지식기술	해당분야에 대한 최고도의 이론 및 지식을 활용하여 새로운 이론을 창조할 수 있는 수준
7수준	정의	해당분야의 전문화된 이론 및 지식을 활용하여, 고도의 숙련으로 광범위한 작업을 수행할 수 있으며 타인의 결과에 대하여 의무와 책임이 필요한 수준
	지식기술	해당분야의 전문화된 이론 및 지식을 활용할 수 있으며, 근접분야의 이론 및 지식을 사용할 수 있는 수준 고도의 숙련으로 광범위한 작업을 수행하는 수준
6수준	정의	독립적인 권한 내에서 해당분야의 이론 및 지식을 자유롭게 활용하고, 일반적인 숙련으로 다양한 과업을 수행하고, 타인에게 해당분야의 지식 및 노하우를 전달할 수 있는 수준
	지식기술	해당분야의 이론 및 지식을 자유롭게 활용할 수 있는 수준 일반적인 숙련으로 다양한 과업을 수행할 수 있는 수준
5수준	정의	포괄적인 권한 내에서 해당분야의 이론 및 지식을 사용하여 매우 복잡하고 비일상적인 과업을 수행하고, 타인에게 해당분야의 지식을 전달할 수 있는 수준
	지식기술	해당분야의 이론 및 지식을 사용할 수 있는 수준 매우 복잡하고 비일상적인 과업을 수행할 수 있는 수준

수준	항목	내용
4수준	정의	일반적인 권한 내에서 해당분야의 이론 및 지식을 제한적으로 사용하여 복잡하고 다양한 과업을 수행하는 수준
	지식기술	해당분야의 이론 및 지식을 제한적으로 사용할 수 있는 수준 복잡하고 다양한 과업을 수행할 수 있는 수준
3수준	정의	제한된 권한 내에서 해당분야의 기초이론 및 일반지식을 사용하여 다소 복잡한 과업을 수행하는 수준
	지식기술	해당분야의 기초이론 및 일반지식을 사용할 수 있는 수준 다소 복잡한 과업을 수행하는 수준
2수준	정의	일반적인 지시 및 감독 하에 해당분야의 일반 지식을 사용하여 절차화되고 일상적인 과업을 수행하는 수준
	지식기술	해당분야의 일반 지식을 사용할 수 있는 수준 절차화되고 일상적인 과업을 수행하는 수준
1수준	정의	구체적인 지시 및 철저한 감독 하에 문자이해, 계산능력 등 기초적인 일반지식을 사용하여 단순하고 반복적인 과업을 수행하는 수준
	지식기술	문자이해, 계산능력 등 기초적인 일반 지식을 사용할 수 있는 수준 단순하고 반복적인 과업을 수행하는 수준

▶ 직무의 수준체계

(5) 피부미용 직무능력

① 피부미용 직무의 정의

피부미용은 고객의 상담과 피부분석을 통하여 안정감 있고 위생적인 환경에서 얼굴과 전신의 피부를 미용기기와 화장품 등을 이용하여 서비스를 제공하고 피부미용에 대한 업무수행을 기획, 관리하는 일이다.

② 피부미용 능력단위(16년 NCS보완)

순번	능력단위	수준
1	피부미용 고객상담	5
2	피부미용 피부분석	3
3	얼굴각질관리	2
4	얼굴 메뉴얼테크닉	3
5	얼굴 팩 · 마스크	2
6	몸매분석	3
7	몸매각질관리	3
8	몸매상체전면관리	3
9	몸매상체후면관리	3
10	몸매하체관리	3
11	몸매 팩 · 마스크	3
12	제모	5
13	눈썹미용관리	5
14	아로마테라피	5
15	한국형 특수관리	5
16	스톤테라피	5
17	뱀부(대나무)테라피	5
18	림프관리	3
19	피부미용 고객마무리관리	2
20	직류를 이용한 피부미용기기 활용	4
21	교류를 이용한 피부미용기기 활용	4
22	음파를 이용한 피부미용기기 활용	4
23	피부미용 필수기구 활용	2
24	피부미용 응용기구 활용	4
25	피부미용 기초화장품 사용	2
26	피부미용 향 · 색조화장품	3
27	피부미용 위생관리	2
28	피부미용 샵 경영관리	7
29	두피분석	5
30	두피 모공관리	5
31	두피 모낭관리	5
32	두피 모근관리	5

▶ 피부미용 능력단위

③ 피부미용 능력단위별 능력단위요소(16년 NCS보완)

분류번호	능력단위	수준	능력단위요소
1201010201_16v2	피부미용 고객상담	5	방문동기파악하기
			고객관리차트 작성하기
			고객응대하기
			고객정보처리하기
1201010202_16v2	피부미용 피부분석	3	클렌징하기
			피부상태 분석평가하기
			피부관리계획 작성하기
1201010210_16v2	피부미용 위생관리	2	피부미용작업장 위생관리하기
			피부미용비품 위생관리하기
			직원위생관리하기
1201010211_16v2	피부미용 샵 경영관리	7	샵마케팅 기획하기
			프로그램 개발하기
			정보수집관리하기
			직원관리하기
1201010212_16v3	얼굴각질관리	2	얼굴클렌징하기
			눈썹정리하기
			얼굴 딥클렌징하기
1201010213_16v3	얼굴메뉴얼테크닉	3	메뉴얼테크닉하기
			영양물질도포하기
1201010214_16v3	얼굴 팩 · 마스크	2	얼굴 팩 · 마스크하기
			얼굴관리 마무리하기
1201010215_16v3	몸매분석	3	몸매파악하기
			몸매분석표 작성하기

분류번호	능력단위	수준	능력단위요소
1201010216_16v3	몸매각질관리	3	몸매 클렌징하기
			몸매 딥클렌징하기
1201010217_16v3	몸매상체전면관리	3	복부관리하기
			가슴관리하기
1201010218_16v3	몸매상체후면관리	3	등관리하기
			손 · 팔관리하기
1201010219_16v3	몸매하체관리	3	발 · 다리관리하기
			둔부관리하기
1201010220_16v3	몸매 팩 · 마스크	3	몸매 팩 · 마스크하기
			몸매관리 마무리하기
1201010221_16v3	제모	5	얼굴제모하기
			전신제모하기
1201010222_16v3	눈썹미용관리	5	눈썹염색하기
			눈썹연장하기
1201010212_16v3	얼굴각질관리	2	얼굴클렌징하기
			눈썹정리하기
			얼굴 딥클렌징하기
1201010212_16v3	얼굴각질관리	2	얼굴클렌징하기
			눈썹정리하기
			얼굴 딥클렌징하기
1201010212_16v3	얼굴각질관리	2	얼굴클렌징하기
			눈썹정리하기
			얼굴 딥클렌징하기
1201010212_16v3	얼굴각질관리	2	얼굴클렌징하기
			눈썹정리하기
			얼굴 딥클렌징하기

분류번호	능력단위	수준	능력단위요소
1201010223_16v3	아로마테라피	5	아로마선택하기
			아로마블랜딩하기
			아로마테크닉하기
1201010224_16v3	한국형 특수관리	5	체형분석하기
			피부유형 파악하기
			한국형 테크닉하기
1201010225_16v3	스톤테라피	5	스톤소독하기
			스톤선택하기
			스톤테크닉하기
1201010226_16v3	(대나무)테라피	5	뱀부(대나무) 소독하기
			뱀부(대나무) 선택하기
			뱀부(대나무) 테크닉하기
1201010227_16v3	림프관리	3	세정작용하기
			순환작용하기
			림프관리 마무리하기
1201010206_16v3	피부미용 고객마무리관리	2	관리 후 상담하기
			고객유지관리하기
			홈케어 조언하기
1201010228_16v3	직류를 이용한 피부미용기기 활용	4	얼굴 세정하기
			얼굴영양침투하기
1201010229_16v3	교류를 이용한 피부미용기기 활용	4	교류기기 얼굴관리하기
			교류기기 몸매관리하기
1201010230_16v3	음파를 이용한 피부미용기기 활용	4	음파기기 얼굴관리하기
			음파기기 몸매관리하기

분류번호	능력단위	수준	능력단위요소
1201010231_16v3	피부미용 필수기구 활용	2	압력을 이용한 피부미용기구 사용하기
			열을 이용한 피부미용기구 사용하기
			물리적인 힘을 이용한 피부미용기구 사용하기
1201010232_16v3	피부미용 응용기구 활용	4	색채 · 빛 · 온도를 이용한 피부미용기구 사용하기
			물을 이용한 피부미용기구 사용하기
1201010233_16v3	피부미용 기초화장품	2	화장품 분류하기
			기초화장품 사용하기
			기능성화장품 사용하기
			몸매화장품 사용하기
			두피화장품 사용하기
1201010234_16v3	피부미용 향 · 색조화장품	3	색조화장품 사용하기
			방향성 화장품 사용하기
1201010235_16v1	두피분석	5	고객상담하기
			고객차트 작성하기
			두피분석하기
1201010236_16v1	두피 모공관리	5	클렌징하기
			각질제거하기
1201010237_16v1	두피 모낭관리	5	영양물질 침투하기
			두피기구 관리하기
1201010238_16v1	두피 모근관리	5	메뉴얼테크닉하기
			두피 영양팩하기

▶ 피부미용 능력단위별 능력단위요소

2. 피부미용 개론

1) 피부미용의 개념

(1) 피부미용(Esthetic)의 정의

피부미용이란 얼굴 및 전신 피부에 전문적인 과학적 지식을 기반으로 다양한 테크닉, 기기, 화장품을 활용하여 피부의 건강을 도모하는 것이다. 또한 심리적으로 스트레스를 완화시키고 안정감을 부여하며, 내적으로는 고객의 생활 · 피부관리습관의 변화를 유도하고, 외적으로는 내부 생리 기능의 활성화를 시킴으로 인해 피부의 보호 · 유지 · 개선을 목적으로 한다.

(2) 피부미용 용어

① 피부미용(Esthetic)

'aesthetic' 은 명사로는 '미학적 특질' 형용사로는 '미적의, 미학적' 이란 뜻이며, 'aesthetics' 는 '미학' 이라는 뜻으로 해석된다. 이는 프랑스어 'esthetique' 에서 유래하였으며, 독일의 바움가르텐(A.G. Baumgarten : 1714~1762)이 그의 저서 『Aesthetica : 미의 학문』(1750)에서 처음 사용하면서 시작되었다.

② 코스메틱(Cosmetic)

'kosmetik' 이란 단어는 '우주 혹은 조화' 를 의미하는 고대 그리스어의 'kosmos' 에서 유래되었으며 이는 내적 피부의 건강과 동시에 외적인 아름다움, 더불어 정서적 치유까지 가능한 피부미용의 완성된 의미로 해석할 수 있다.

세계 각국의 피부미용 용어 표기

- 프랑스어 Esthetique
- 영어 Esthetic 혹은 Aesthetic, Skin care, Cosmetic
- 독일어 코스메틱 Kosmetik
- 일본어 びよう

(3) 피부미용사(피부관리사)

※출처 – 한국직업사전

피부미용사(피부관리사)

고객과의 상담, 피부 관찰, 건강상태 파악 등을 통해 고객카드를 기록하고, 적합한 피부관리방법을 결정한다. 클렌징, 세안 등으로 고객의 피부를 청결하게 한 후 각질 및 모공 노폐물 제거, 여드름 관리, 눈썹 정리 등 피부를 정돈한다. 피부상태에 적합한 크림 등의 각종 화장품을 바른 후 마사지하여 혈액순환 및 미용을 돕는다. 미용보조 기계를 사용하여 마사지한다. 피부표면의 잔털을 제거하고 기초화장을 한다. 관리를 마친 고객에게 피부성향에 알맞은 화장품을 추천하고, 피부에 적합한 화장법을 조언한다. 고객의 예약관리 및 사후관리를 한다. 색조화장품을 사용하여 화장을 해주기도 한다.

02 CHAPTER

능력단위별 학습

01 STEP 피부미용 고객상담(1201010201_16v2)

1. 능력단위 정의

효율적인 피부관리를 위하여 고객의 방문동기를 파악한 후 고객관리차트를 작성하여, 고객의 피부에 영향을 줄 수 있는 인자를 도출하고 고객의 요구 자료를 정보화하여 처리하는 능력이다.

▶ 리셉션

2. 능력단위 요소 및 수행준거

능력단위	능력단위요소	수행준거
피부미용고객상담 (1201010201_16v2)	방문동기 파악하기 (1201010201_16v2.1)	1.1 고객이 관리실을 선택하여 방문한 동기를 파악할 수 있다.
		1.2 고객이 상담에 응할 수 있도록 편안한 분위기를 조성을 할 수 있다.
		1.3 고객이 가지고 있는 피부문제 및 관리 목적을 파악할 수 있다.
		1.4 고객과 상담자가 생각하는 피부문제가 다른 경우 그 차이를 설명할 수 있다.
	고객관리차트 작성하기 (1201010201_16v2.2)	2.1 고객의 개인 신상 · 건강상태 · 방문동기와 방문목적 등을 기록할 수 있다.
		2.2 피부의 문제 결함 등을 피부유형식별 기준에 따라 차트에 기록할 수 있다.
		2.3 생활환경에 대한 특성과 고객관리차트 작성 결과를 피부관리 계획할 수 있다.
	고객응대하기 (1201010201_16v2.3)	3.1 단정한 용모와 친절한 예의로써 고객을 응대할 수 있다.
		3.2 고객의 방문목적에 따라 상담실과 작업실을 구분하여 안내할 수 있다.
		3.3 고객의 피부관리에 대한 일정관리를 수립할 수 있다.
	고객정보처리하기 (1201010201_16v2.4)	4.1 고객관리차트와 상담에 따른 내용을 분류한다.
		4.2 수집된 관련 정보를 분류하여 정리한다.
		4.3 분류된 각 정보를 목적에 따라 활용할 수 있도록 한다.

1) 방문동기 파악하기

학습목표

- 고객이 관리실을 선택하여 방문한 동기를 파악할 수 있다.
- 고객이 상담에 응할 수 있도록 편안한 분위기를 조성할 수 있다.
- 고객이 가지고 있는 피부문제 및 관리 목적을 파악할 수 있다.
- 고객과 상담자가 생각하는 피부문제가 다른 경우 그 차이를 설명할 수 있다.

(1) 상담이란?

고객의 방문동기 및 피부관리를 받고자 하는 실질적 목적을 알기 위한 필수코스이다. 충분한 상담을 통해 고객의 욕구를 파악하고 문제점을 인식할 수 있으며, 관리자는 이를 통해 고객에게 적합한 관리프로그램을 설계하고 관리할 수 있는 계기가 된다.

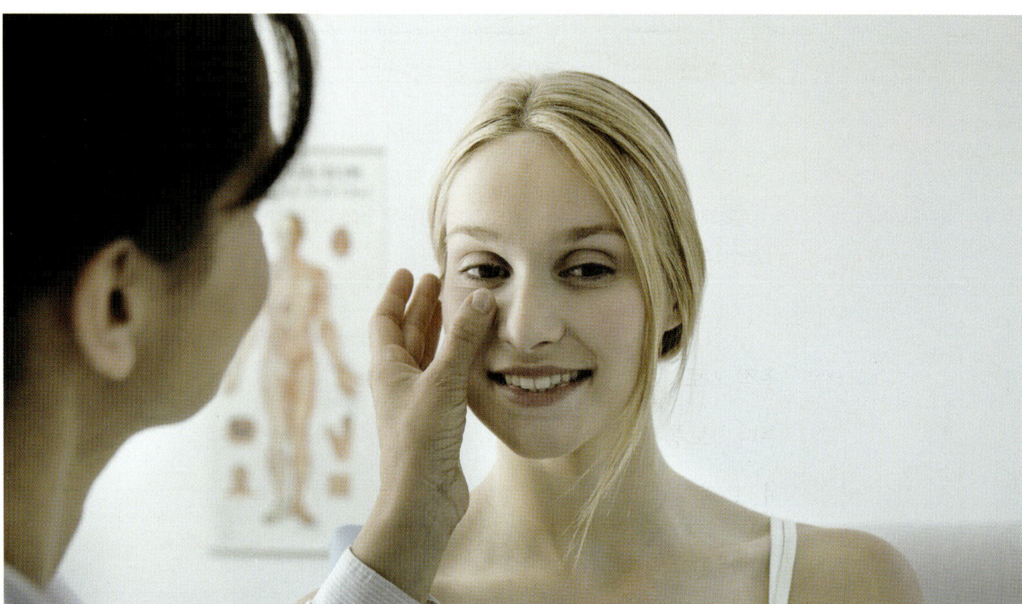

▶ 고객상담

▶ 고객상담실

(2) 방문동기

일반적으로 고객은 즉흥적으로 관리실을 방문하기보다 구체적이며 뚜렷한 목적을 가지고 방문하는 경우가 대다수다. 보통 지인의 추천, 인터넷 검색, 홍보전단지, SNS 등을 통해 방문하는 경우가 많으며 고객 본인의 목적에 부합하는 관리실을 찾는데 보다 적극적인 것이 과거와 달리 변화된 최근의 트랜드이다. 방문동기를 파악한다는 것은 고객의 욕구와 피부의 문제점을 명확히 파악하여 관리계획을 세울 수 있는 토대가 되므로 충분한 시간을 고객과 소통하며 최선을 다해야 한다.

(3) 수행준거에 따른 절차

① 고객이 마음을 열고 상담에 응할 수 있도록 밝고 편안한 분위기를 유도한다.

② 방문한 고객을 밝은 표정과 부드러운 억양으로 인사하여 맞이한다.

③ 맞이한 고객을 스몰토크(가벼운 대화)를 나누며 상담실 또는 상담테이블로 안내한다.

④ 고객이 불편하지 않게 편안한 분위기에서 상담을 시작한다.

⑤ 가급적 처음에는 고객의 말에 충분히 귀 기울여 고객의 방문동기 및 욕구를 파악하도록 한다.

⑥ 파악된 고객의 욕구를 주제로 대화를 나누며 고객에게 적합한 관리방법 및 계획 등을 전문가적 견해로 조언한다.

⑦ 고객과 상담자의 견해가 다를 경우 전문가로서 그 차이를 설명하여 충분한 대화를 통해 합치를 이끌어내도록 노력한다.

2) 고객관리차트 작성하기

학습목표

- 고객의 개인 신상 · 건강상태 · 방문동기와 방문목적 등을 기록할 수 있다.
- 피부의 문제, 결함 등을 피부유형식별 기준에 따라 차트에 기록할 수 있다.
- 생활환경에 대한 특성과 고객관리차트 작성 결과에 피부 관리 계획할 수 있다.

(1) 고객상담카드

고객의 요구를 바탕으로 피부유형 파악 및 관리프로그램을 계획하는데 토대가 된다.

고객상담카드			
고객번호		일자	
고객명		담당자	
생년월일	( )세	성별	남 □ 여 □
방문동기			
희망프로그램			
기대 및 개선 사항			
관리 경험	있음 (관리종류 _______) □ 없음 □		
주소			
연락처			
직업	내근 □ 외근 □		
결혼	기혼 □ 미혼 □		
생리주기	규칙 □ 불규칙 □ 완경 □		
임신유무	예 □ 아니오 □		
건강상태	좋음 □ 보통 □ 나쁨 □		
체형타입	마른체형 □ 보통체형 □ 통통한체형 □		
병력 및 의약품복용			
알레르기유무			
식습관	규칙 □ 불규칙 □		
수면습관	규칙 □ 불규칙 □		
기호식품			
신체활동 (운동)	유 (회 / 주) _______ □ 무 □		
사용화장품			
기타			

▶ 고객상담카드

① 고객명

고객의 이름을 기입한다.

② 생년월일

연령과 생물학적 노화상태가 정비례하지는 않지만 정상적인 노화진행과정을 가늠하는 중요한 단서가 되므로 가급적 확인하도록 한다.

③ 방문동기

관리실을 선택하게 된 계기를 알아보고 관련정보를 경영에 활용하도록 한다.

④ 희망프로그램

고객이 받고자 하는 관리 프로그램을 기입한다.

⑤ 기대 및 개선사항

희망하는 관리프로그램으로 어떠한 개선과 효과를 기대하는지 알아보고 기입한다.

⑥ 관리경험

관리경험 유무를 기입한다. 고객이 과거 어떠한 종류와 형태의 관리를 경험했으며 만족도가 높았는지 질문하고 답변을 참고하면 효과적이다.

⑦ 주소

과거에는 DM 발송 등 고객관리차원에서 비교적 실질적 주소를 자세하게 기입했으나 최근에는 SMS 등을 통한 안내가 보편적으로 자리잡고 있다. 따라서 대화를 통해 고객이 원치 않는다면 간단한 주소만 기입해도 무방하다.

⑧ 연락처

고객과 가장 편하게 연락 가능한 전화번호를 기입한다.

⑨ 직업

생활환경 등이 미치는 영향을 파악하고자 직장인의 경우 직종과 근무형태를 간단히 기록하고, 주부의 경우에는 가정에서의 생활환경과 취미 등을 파악하는 것도 좋은 자료가 된다.

⑩ 생리주기와 임신여부

관리진행 시 참고하기 위한 자료로써 기입한다.

⑪ 건강상태와 체형타입

피부의 유형 및 건강상태를 가늠하기 위한 척도로써 확인한다. 체형의 경우 보편적으로 관리전 고객의 피부 상태를 파악하는데 도움이 되기도 하는데, 보편적인 내용을 일반화하는 것은 한계점이 있다.

⑫ 병력 및 의약품복용

고객의 과거 병력 및 현재 의약품 복용여부를 기입한다. 항생제, 수면제 등의 복용 및 호르몬에 영향을 주는 의약품의 복용여부에 관해 알아본다.

⑬ 알레르기유무

고객이 특정물질 등에 알레르기 증상을 갖고 있는지 여부와 있을 경우에는 무엇에 대한 것인지를 알아보고 기록한다. 기록된 사항은 관리 시에 활용되는 화장품 성분과 대조하여 미리 부작용을 방지할 수 있다.

⑭ 식습관

고객의 식습관과 선호식품 등을 간단히 기입하며, 균형잡힌 식품 섭취의 중요성에 대해 조언한다.

⑮ 수면습관

고객의 수면습관을 기입한다.

⑯ 기호식품

커피 섭취, 흡연 및 음주 여부와 빈도로 피부와의 상관관계를 예측할 수 있다.

⑰ 운동량

운동은 혈액순환, 신진대사, 노폐물 배출, 근육의 강도 등에 영향을 미치므로 운동 종류와 운동량 등을 알아본다.

(2) 피부분석카드

실제적인 피부 관리에 앞서 고객의 피부 유형을 명확히 분석하여 문제점을 기록하는 카드로 목적에 따른 관리프로그램을 계획하는데 중요한 선행자료가 된다. 분석카드 작성단계에서 오류가 발생할 시 고객은 올바른 관리를 받을 수 없으므로 관리사의 전문적이고 정확한 견해가 요구되는 단계이다.

피부분석카드

고객번호		일자	
고객명		담당자	
생년월일	( )세	성별	남 □ 여 □
피부결	섬세함 □ 보통 □ 거침 □		
모공상태	작다 □ 보통 □ 크다 □		
혈액순환	부족 □ 보통 □ 과다 □ 혈관확장부위 :		
피지분비	부족 □ 정상 □ 과잉 □		
여드름	화이트헤드 □ 블랙헤드 □ 구진 □ 농포 □ 결절 □ 낭종 □		
보습도	부족 □ 정상 □		
탄력도	저하 □ 정상 □		
주름	표정주름 □ 표피주름 □ 진성주름 □		
예민도	예민 □ 정상 □ 매우예민 □		
색소침착	기미 □ 주근깨 □ 검버섯 □ 잡티 □		
피부타입	정상 □ 건성 □ 지성 □ 복합성 □		
종합의견			

해당항목에 체크	
여드름	
혈관확장	
색소침착	
색소결핍	
흉터	
점	
주름	
다크서클	
켈로이드	
기타	

▶ 피부분석카드

① 고객명

고객의 이름을 기입한다.

② 생년월일

생년월일을 기입한다.

③ 피부결

피부분비 상태, 각질 정도를 파악하는데 도움이 되는 피부결 상태를 분석하여 기록한다.

④ 모공

얼굴의 T-Zone과 U-Zone 부위를 모두 종합하여 살펴본 뒤 카드에 모공의 크기를 기입한다.

⑤ 혈액순환

피부의 안색을 보고 혈액순환 정도를 살피고, 특히 눈밑 양쪽뺨을 중심으로 혈관확장 부위가 없는지 꼼꼼히 체크한다. 더불어 음주 및 흡연이 혈액순환에 미치는 요인을 간단히 조언한다.

⑥ 피지분비

피지분비 정도를 육안으로 또는 손으로 만져보아 체크한다.

⑦ 여드름

화이트헤드, 블랙헤드, 구진, 농포, 결절 등 여드름적 문제 요소를 파악한다.

⑧ 보습도

육안으로 또는 손으로 만져보아 보습도를 체크하여 기록한다.

⑨ 탄력도

육안으로 살핀 후 눈가와 볼 근육을 엄지와 검지를 이용하여 잡았다 놓았을 때 피부가 복원되는 정도를 살펴본다.

⑩ 주름

주름의 정도를 육안으로 체크하고 주름의 종류에 대해서도 분석한다. 특히 이마, 눈가, 양볼, 입가 주변을 집중적으로 관찰하여 기록한다.

⑪ 예민도

고객에게 평소 예민한 정도를 질문해보고, 스파츌라로 이마부분을 약간 힘을 주어 그었을 때 자국의 반응 정도를 관찰하여 기록한다.

⑫ 피부의 색소침착

피부의 노화 및 기타 환경적요인 등으로 인한 색소침착 여부와 위치를 파악한다.

⑬ 피부타입

지금까지의 분석결과를 토대로 고객의 피부타입을 체크한다.

⑭ 종합의견

체크된 피부타입 이외의 특이사항 등을 기록한다.

(3) 관리계획카드

피부분석에 따른 고객의 관리 프로그램을 계획하고 실제적인 진행과정을 기록하는 카드로 매회 관리시 반드시 작성하도록 한다. 추가적으로 고객에게 홈케어 중요성을 인지시키고 그밖에 기타 생활습관 조언과 화장품 구매내역을 기록해두면 보다 효율적이다.

관리계획카드

고객번호		일자	
고객명		담당자	
관리목적 및 기대효과	관리목적 :		
	기대효과 :		
클렌징	오일 □ 크림 □ 밀크 / 로션 □ 젤 □		
딥클렌징	고마쥐 (gommage) □ 효소 (enzyme) □ AHA □ 스크럽 □		
메뉴얼테크닉 제품타입	오일 □ 크림 □		
손을 이용한 관리형태	일반 □ 미용경락 □ 림프 □		
팩	T– 존 : 건성타입 팩 □ 정상타입 팩 □ 지성타입 팩 □		
	U– 존 : 건성타입 팩 □ 정상타입 팩 □ 지성타입 팩 □		
	목부위 : 건성타입 팩 □ 정상타입 팩 □ 지성타입 팩 □		
마스크	석고 마스크 □ 고무모델링 마스크 □ 기타특수 마스크 □		
고객관리계획	1 주 :		
	2 주 :		
	3 주 :		
	4 주 :		
자가관리 (홈케어) 조언			
	기타 :		

▶ 관리계획카드

화장품구매내역카드								
제품 / 일자	클렌징	딥클렌징	화장수	보습제	팩	자외선 차단제	기타	판매자
/								
/								
/								
/								
/								
/								
/								
/								
/								
/								
/								
/								

▶ 화장품구매내역카드

(4) 수행준거에 따른 절차

① 상담자는 고객상담카드를 기반으로 고객의 개인 신상 · 건강상태 · 방문동기와 방문목적 등을 질문하고 기록한다. 다만 개인신상과 관련한 질문은 경우에 따라 신중을 기할 필요가 있다.

② 고객분석카드를 기반으로 수분보유 · 피지분비상태 · 주름 · 색소침착 등 피부유형식별 기준에 따라 차트에 기록한다. 작성된 자료는 고객관리계획의 토대가 되므로 고객의 피부문제점을 면밀히 살피고 분석한다.

③ 고객관리차트 작성 결과와 생활환경에 대한 특성을 고려하여 고객의 피부관리를 계획한다.

3) 고객응대하기

학습목표

- 단정한 용모와 친절한 예의로써 고객을 응대할 수 있다.
- 고객의 방문목적에 따라 상담실과 작업실을 구분하여 안내할 수 있다.
- 고객의 피부관리에 대한 일정관리를 수립할 수 있다.

(1) 상담자가 갖추어야 할 태도

① 고객의 말을 충분히 경청한다.

② 항상 고객의 입장으로 이해하며 상담에 임한다.

③ 고객의 요구를 파악하도록 노력하며 원인과 문제가 파악되면 고객에게 충분한 설명으로 문제해결 방법을 제안한다.

④ 고객과 충돌하는 의견은 충분한 대화를 통해 상호 조율한다.

⑤ 피부관리의 효과를 결과와 다르게 설명하거나 과장하지 않는다.

⑥ 홈케어의 중요성을 인식시킨다.

⑦ 상담 시 고객 개인 정보 및 사생활에 대해서는 보안을 유지한다.

⑧ 고객의 피부관리 기대효과에 대해 정서적 안정감 및 긍정적 확신을 갖도록 용기를 준다.

⑨ 상담 후에도 지속적인 소통을 통해 신뢰를 형성한다.

(2) 수행준거에 따른 절차

① 단정한 용모와 친절한 예의로써 고객을 응대한다.

청결하고 단정한 복장상태를 유지하며 구취나 체취가 발생되지 않도록 한다.

악세서리 착용에 유의한다.

두발을 단정히 하고 손톱을 위생적으로 관리한다.

피부관리실과 조화를 이루는 맑고 투명한 메이크업을 한다.

② 고객의 방문목적에 따라 상담실과 작업실을 구분하여 안내한다.

고객의 필요에 따라 상담실 또는 작업실로 실수없이 안내한다.

안내 시에는 고객보다 다소 한발 정도 앞선다는 생각으로 양팔을 이용해 자연스러운 동작으로 명확히 방향을 지시하며 안내한다.

③ 고객의 피부관리에 대한 일정관리를 수립한다.

고객의 피부타입과 요구에 맞는 관리계획을 수립한다.

관리계획에 따른 세부 일정안내 등을 고객의 입장에서 상세하게 전달하고 이해시킨다.

4) 고객정보처리하기

학습목표

- 고객관리차트와 상담에 따른 내용을 분류한다.
- 수집된 관련 정보를 분류하여 정리한다.
- 분류된 각 정보를 목적에 따라 활용할 수 있도록 한다.

(1) 고객정보란?

사전적 의미의 개인정보란 직 · 간접적으로 각 개인을 식별할 수 있는 정보를 가리키는데 피부관리실에서의 고객정보는 앞에서 다룬 고객상담카드, 피부분석카드, 관리계획카드 등에 기재된 모든 내용을 포함한다. 특히 개인신상과 관련한 민감한 부분은 「개인정보보호법(2011 제정)」에 의거 법적 보호를 받을 권리가 있으므로 수집된 고객의 정보는 소중히 다루어져야한다.

(2) 정보의 분류 및 처리

수집된 고객정보는 분류하여 문서화, 기록화, 자동화하여 저장할 수 있어야 한다. 자료를 수집하여 보관하는 별도의 공간과 필요한 관련 컴퓨터 기기 등이 구비되어 있어야 하며, 각 피부미용 사업장별 체계적인 분류시스템이 갖추어져 있어야 한다. 수동으로 정보를 분류 · 처리하는 방법도 있으나 이미 보안시스템까지 적용한 다양한 고객관계관리(CRM) 프로그램들이 많이 개발되어 있으므로 편리하게 활용하는 방법도 있다.

▶ 고객정보 관련 문서보관

3) 정보활용

정보의 활용은 일차적으로 고객에게 효과적이며 원활한 서비스를 제공하기 위한 필수과정이다. 이차적으로는 고객의 정보를 활용함으로써 피부미용사의 업무 효율성을 높이며, 최종적으로는 효율적인 고객 관리를 통해 각 피부미용 사업장의 매출증진 기여에 활용된다.

4) 수행준거에 따른 절차

① 상담자는 고객관리차트와 상담에 따른 내용을 분류한다.

② 수집된 관련 정보(고객상담카드 · 피부분석카드 등에 기록된 내용)는 분류하여 정리한다. 또한 단일고객의 여러 가지 정보를 필요 시 효율적으로 찾아볼 수 있도록 컴퓨터기기를 활용하며, 이때 수집 · 분류된 고객의 정보는 보안에 각별히 주의한다.

③ 수집 · 분류된 각 정보는 피부관리 목적에 따라 반드시 활용한다.

5) 평가자체크리스트(예시)

능력단위 요소	수행 준거	성취도		
		상(5)	중(3)	하(1)
방문동기 파악하기 (1201010201_16v2.1)	고객이 관리실을 선택하여 방문한 동기를 파악할 수 있다.			
	고객이 상담에 응할 수 있도록 편안한 분위기를 조성할 수 있다.			
	고객이 가지고 있는 피부문제 및 관리 목적을 파악할 수 있다.			
	고객과 상담자가 생각하는 피부문제가 다른 경우 그 차이를 설명할 수 있다.			
고객관리차트 작성하기 (1201010201_16v2.2)	고객의 개인 신상 · 건강상태 · 방문동기와 방문 목적 등을 차트에 기록할 수 있다.			
	피부의 문제, 결함 등을 피부유형식별 기준에 따라 차트에 기록할 수 있다.			
	생활환경에 대한 특성과 고객관리차트 작성 결과에 따라 피부 관리 계획할 수 있다.			
고객응대하기 (1201010201_16v2.3)	단정한 용모와 친절한 예의로써 고객을 응대한다.			
	고객의 방문목적에 따라 상담실과 작업실을 구분하여 안내한다.			
	고객의 피부관리에 대한 일정관리를 수립한다.			
고객정보처리하기 (1201010201_16v2.4)	고객관리차트와 상담에 따른 내용을 분류한다.			
	수집된 관련 정보를 분류하여 정리한다.			
	분류된 각 정보를 목적에 따라 활용할 수 있도록 관리한다.			

02 STEP 피부미용 위생관리(1201010210_16v2)

1. 능력단위 정의

효율적인 피부관리를 위하여 고객의 방문동기를 파악한 후 고객관리차트를 작성하여, 고객의 피부에 영향을 줄 수 있는 인자를 도출하고 고객의 요구 자료를 정보화하여 처리하는 능력이다.

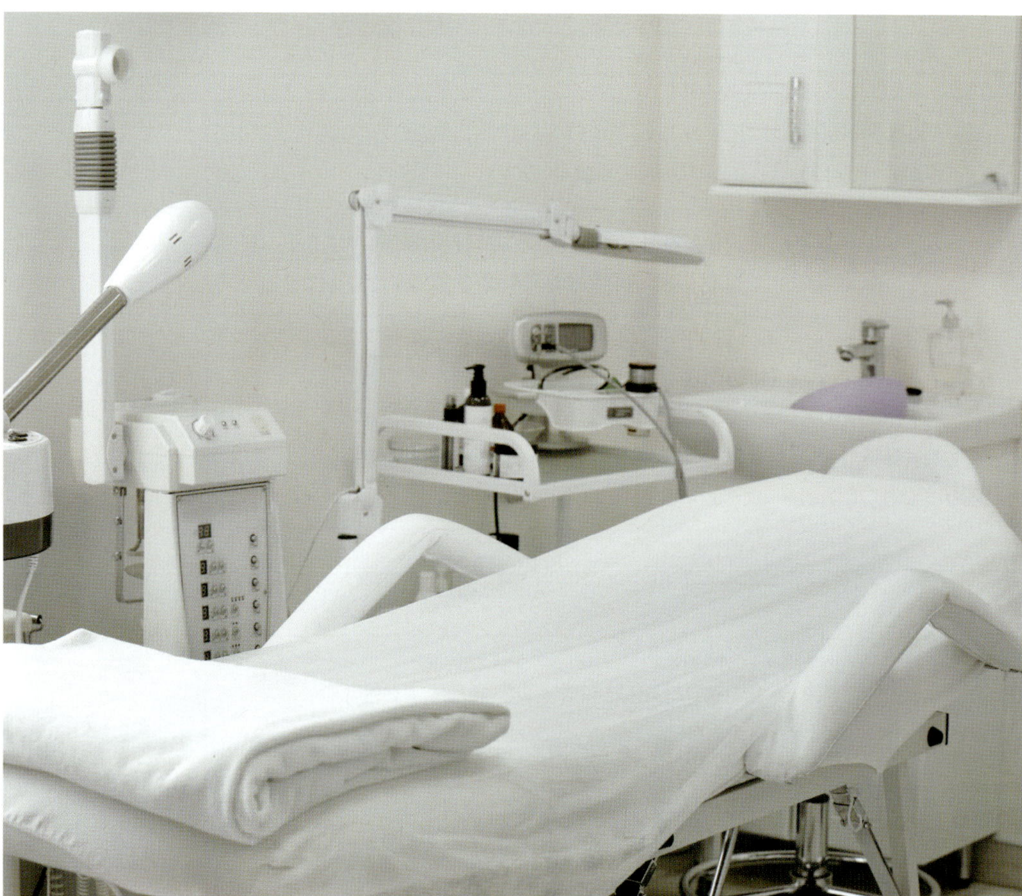

▶ 관리실 내부

2. 능력단위 요소 및 수행준거

능력단위	능력단위요소	수행준거
피부미용 위생관리 (1201010210_16v2)	피부미용 작업장 위생관리하기 (1201010210_16v2.1)	1.1 위생관리 지침에 따라 피부미용 작업장 위생 관리 업무를 책임자와 협의하여 준비, 수행할 수 있다.
		1.2 쾌적함을 주는 피부미용 작업장이 되도록 체크리스트에 따라 환풍, 조도, 냉 · 난방시설에 대한 위생을 점검할 수 있다.
		1.3 위생관리 지침에 따라 피부미용 작업장 청소 및 소독 매뉴얼을 작성할 수 있다.
		1.4 피부미용 작업장 소독계획에 따른 작업장 소독을 통해 작업장의 위생상태를 관리할 수 있다.
	피부미용 비품 위생관리하기 (1201010210_16v2.2)	2.1 위생관리 지침에 따라 피부미용 비품 위생관리 업무를 책임자와 협의하여 준비, 수행할 수 있다.
		2.2 위생관리 지침에 따라 적절한 소독방법으로 피부관리실 내부의 비품을 소독 보관할 수 있다.
		2.3 소독제에 대한 유효기간 점검할 수 있다.
		2.4 사용종류에 알맞은 피부미용 비품의 정리정돈을 수행할 수 있다.
	직원위생관리하기 (1201010210_16v2.3)	3.1 위생관리 지침에 따라 피부미용사로서 깨끗한 위생복, 마스크, 실내화를 구비하여 착용할 수 있다.
		3.2 장신구는 피하고 가벼운 화장과 예의 있는 언행으로 작업장 근무수칙을 준수할 수 있다.
		3.3 위생관리 지침에 따라 두발, 손톱 등 단정한 용모와 신체를 유지할 수 있다.

1) 피부미용작업장 위생관리하기

학습목표

- 위생관리 지침에 따라 피부미용 작업장 위생 관리 업무를 책임자와 협의하여 준비, 수행할 수 있다.
- 쾌적함을 주는 피부미용 작업장이 되도록 체크리스트에 따라 환풍, 조도, 냉 · 난방시설에 대한 위생을 점검할 수 있다.
- 위생관리 지침에 따라 피부미용 작업장 청소 및 소독 매뉴얼을 작성할 수 있다.
- 피부미용 작업장 소독계획에 따른 작업장 소독을 통해 작업장의 위생상태를 관리할 수 있다.

(1) 공중위생관리법

공중이 이용하는 영업의 위생관리 등에 관한 사항을 규정함으로써 위생수준을 향상시켜 국민의 건강증진에 기여함을 목적으로 한다.

※출처 – 법제처 (www.law.go.kr)

(2) 피부미용작업장 위생관리의 개념

공중위생관리법 시행령에 따르면 미용업(피부)을 의료기기나 의약품을 사용하지 아니하는 피부상태분석 · 피부관리 · 제모(除毛) · 눈썹손질을 하는 영업으로 세분화하여 정의하고 있다. 따라서 공중위생영업자 및 종사자는 사명감을 갖고 고객에게 건강상 위해요인이 발생하지 않도록 작업장의 관련 시설 및 설비를 위생적이고 안전하게 관리하여야 한다.

▶ 고객대기실(휴게실)

(3) 공중위생영업자가 준수하여야 하는 위생관리기준[제7조관련 시행규칙 별표4]

4. 미용업자

가. 점빼기 · 귓볼뚫기 · 쌍꺼풀수술 · 문신 · 박피술 그 밖에 이와 유사한 의료행위를 하여서는 아니된다.

나. 피부미용을 위하여 「약사법」에 따른 의약품 또는 「의료기기법」에 따른 의료기기를 사용하여서는 아니 된다.

다. 미용기구 중 소독을 한 기구와 소독을 하지 아니한 기구는 각각 다른 용기에 넣어 보관하여야 한다.

라. 1회용 면도날은 손님 1인에 한하여 사용하여야 한다.

마. 영업장안의 조명도는 75룩스 이상이 되도록 유지하여야 한다.

바. 영업소 내부에 미용업 신고증 및 개설자의 면허증 원본을 게시하여야 한다.

사. 영업소 내부에 최종지불요금표를 게시 또는 부착하여야 한다.

아. 사목에도 불구하고 신고한 영업장 면적이 66제곱미터 이상인 영업소의 경우 영업소 외부에도 손님이 보기 쉬운 곳에 「옥외광고물 등 관리법」에 적합하게 최종지불요금표를 게시 또는 부착하여야 한다. 이 경우 최종지불요금표에는 일부항목(5개 이상)만을 표시할 수 있다.

(4) 공중위생영업의 시설 및 설비기준[제2조관련 시행규칙 별표1]

나. 미용업(피부) 및 미용업(종합)

(1) 피부미용업무에 필요한 베드(온열장치 포함), 미용기구, 화장품, 수건, 온장고, 사물함 등을 갖추어야 한다.

(2) 미용기구는 소독을 한 기구와 소독을 하지 아니한 기구를 구분하여 보관할 수 있는 용기를 비치하여야 한다.

(3) 소독기 · 자외선살균기 등 미용기구를 소독하는 장비를 갖추어야 한다.

(4) 작업장소, 응접장소, 상담실 등을 분리하기 위해 칸막이를 설치할 수 있으나, 설치된 칸막이에 출입문이 있는 경우 출입문의 3분의 1 이상을 투명하게 하여야 한다. 다만, 탈의실의 경우에는 출입문을 투명하게 하여서는 아니 된다.

(5) 작업장소 내 베드와 베드 사이에 칸막이를 설치할 수 있으나, 설치된 칸막이에 출입문이 있는 경우 그 출입문의 3분의 1 이상은 투명하게 하여야 한다.

(5) 피부미용작업장 위생관리

① 피부미용작업장의 전체 환경은 위생적이며 쾌적해야한다.

② 작업장에서 사용되는 모든 작업대 · 기기 · 도구 등은 소독하여 보관되고 사용되어야한다.

③ 상담실과 각 주제에 따른 작업장은 되도록 공간이 분리되어 있어야 한다.

Powder room
Dressroom
Shower room

④ 환기가 잘 되어야 하며 출퇴근 시 규칙적으로 강제환기를 해주도록 한다. 특히 탕비실, 탈의실, 샤워실, 내부화장실 등은 창이 없는 경우 내부 공기를 외부로 배출할 수 있는 별도의 환기시설을 갖추도록 한다.

⑤ 바닥의 경우 먼지가 쌓이지 않도록 하고 작업 시 오염물질을 흘렸을 경우 즉시 청소하여 청결을 유지하도록 한다.

▶ 내부 복도 조명

⑥ 방음에 유의하고 직원휴게실이 있는 경우 휴식을 취하고 있는 이용고객들에게 소음이 새어나가지 않도록 각별히 주의한다.

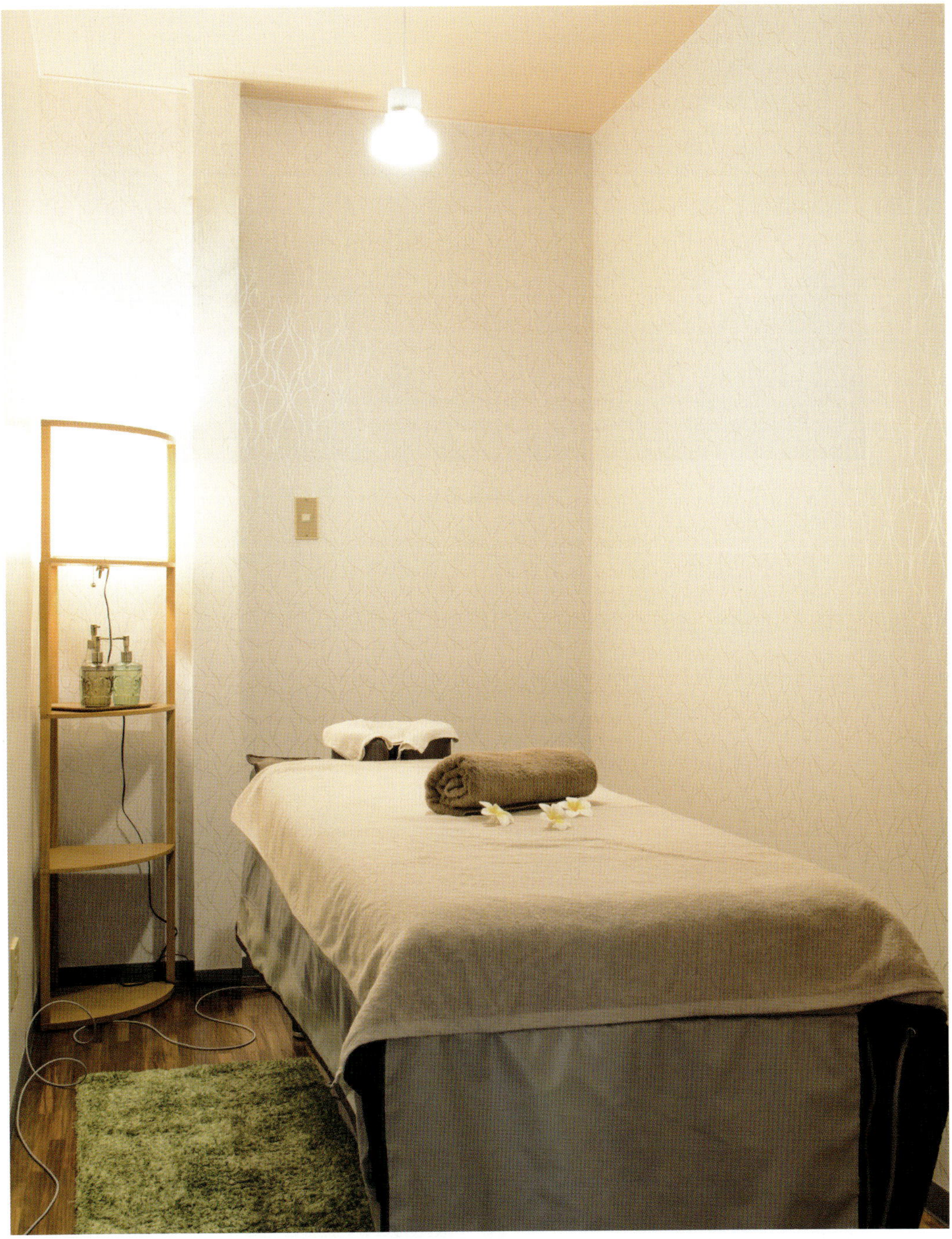

▶ **베드 위 조명**

⑦ 작업장의 조명도는 75룩스 이상이 되도록 유지하여야 한다. 고객 눈의 피로도를 감소시키기 위해서 간접조명(벽 사이드 조명)을 활용한다.

▶ 스파실 욕조

⑧ 스파관리실, 샤워실 등은 습기 제거에 유의하며, 특히 곰팡이가 번식하지 않도록 만전을 기해야 한다. 또한 고객이 낙상하여 다치는 것을 방지하기 위해 미끄럼 방지 타일을 사용하여야 하며, 팻말을 이용해 고객에게 주의를 주어야 한다.

▶ 파우더룸

⑨ 메이크업실의 경우 고객이 관리가 끝난 후 직접 이용하는 곳이다. 메이크업 도구 및 헤어빗 등 소품을 사용하는 만큼 고객 한분 한분 이용 시마다 정리 및 소독을 해서 위생에 만전을 기한다.

⑩ 탈의실의 경우 냄새 등이 발생되지 않고 쾌적함을 줄 수 있도록 위생 및 청소관리하고 특히 환복하는 가운의 경우 재사용하지 않도록 한다.

▶ 탈의실

⑪ 발생된 쓰레기는 분리하여 되도록 신속히 배출하도록 하고, 늘 쾌적한 환경이 되도록 만전을 기한다.

⑫ 작업장별로 체크리스트를 만들고 점검하도록 한다.

(6) 수행준거에 따른 절차

① 위생관리 지침에 따라 피부미용 작업장 위생 관리 업무를 책임자와 협의하여 준비, 수행한다.

- 작업장을 환기시킨다.
- 각 작업실 바닥을 청소한다.
- 베드를 오염물질 등이 없도록 잘 닦고 베드와 베드 사이 또는 사용할 기기 사이의 충분한 공간을 확보해둔다.

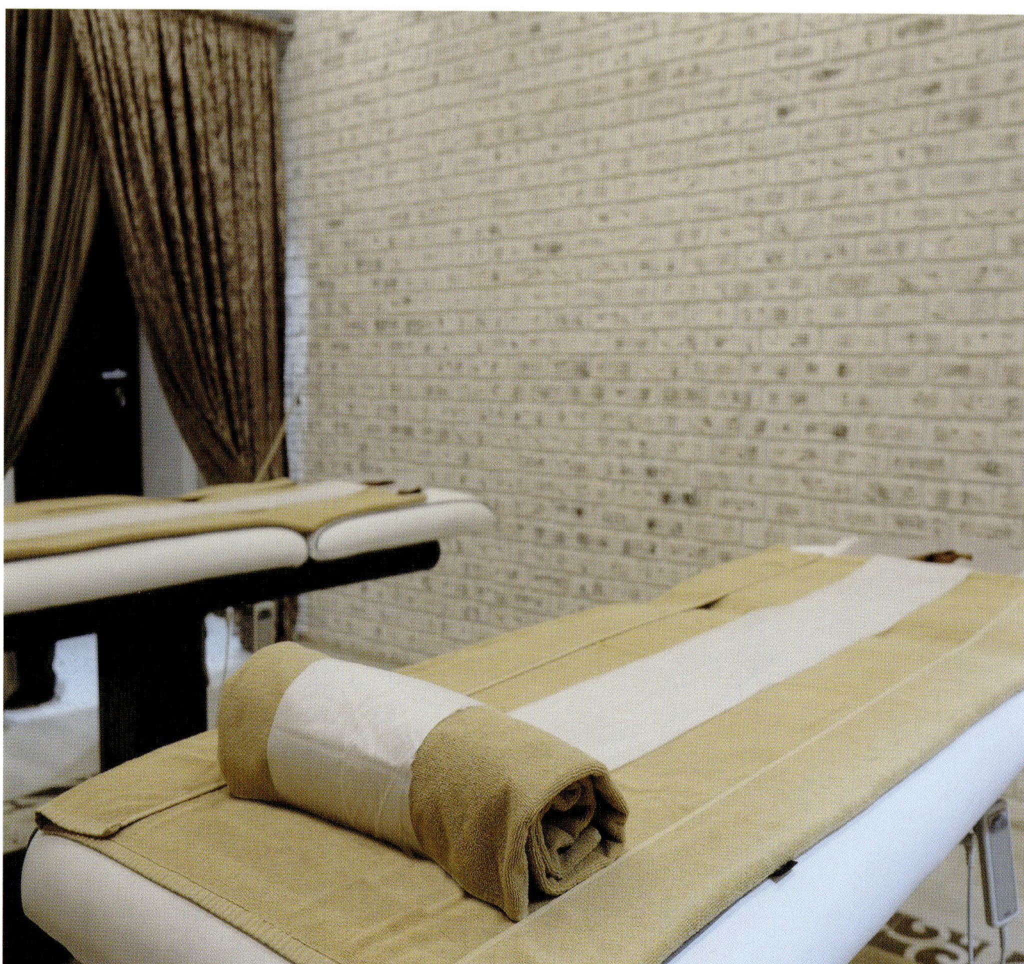

▶ 관리용 배드1

▶ 관리용 배드2

- 관리 시 사용될 모든 기기와 기구를 소독하여 준비한다.
- 제품정리대(왜건) 바닥을 잘 닦고 화장품과 관련도구 등도 위생적으로 준비한다. 필요한 물품은 자주 체크하여 채워둔다.
- 홍보용 화장품정리대(화장품진열대)의 경우 제품과 바닥 등에 먼지가 쌓이지 않도록 정기적으로 점검한다.

▶ 화장품진열대

▪ 관리실 내에서 사용하는 수건은 목적별로 분류하여 소독·관리되어야 한다. 건식 수건의 경우 관리가 소홀하면 먼지가 매우 많이 발생하므로 이점을 늘 유의한다. 습식 수건의 경우 사용 후 세탁 및 소독과정을 거친 후 냄새 등이 발생되지 않도록 철저히 관리해서 준비해둔다.

▶ 수건

- 화장실의 경우 손소독제를 구비해두고 정기적으로 소독하고 환기를 자주 실시한다. 되도록 물기가 없도록 관리하고 유리의 경우 자주 닦아 청결한 상태를 유지한다.

- 각 작업실별 체크리스트를 만들고 주기적으로 관리하며 내용을 전직원이 공유하며 책임자는 별도로 이를 관리하여야 한다.

② 쾌적함을 주는 피부미용 작업장이 되도록 체크리스트에 따라 환풍, 조도, 냉 · 난방시설에 대한 위생을 점검한다.

③ 적절한 조도인지 고객의 입장에서 확인하고, 사용하는 냉 · 난방기구를 정기적으로 소독하고 필터 등을 청소하여 내부공기를 오염시키지 않도록 한다.

④ 위생관리 지침에 따라 피부미용 작업장 청소 및 소독 메뉴얼을 작성한다.

⑤ 피부미용 작업장 소독계획에 따른 작업장 소독을 통해 작업장의 위생상태를 관리한다.

2) 피부미용비품 위생관리하기

학습목표

- 위생관리 지침에 따라 피부미용 비품 위생관리 업무를 책임자와 협의하여 준비, 수행할 수 있다.
- 위생관리 지침에 따라 적절한 소독방법으로 피부관리실 내부의 비품을 소독 보관할 수 있다.
- 소독제에 대한 유효기간을 점검할 수 있다.
- 사용종류에 알맞은 피부미용 비품의 정리정돈을 수행할 수 있다.

(1) 피부미용비품 위생관리의 중요성

피부미용 직무 시 늘 일정하게 갖추어 두고 사용하는 비품은 이용빈도가 매우 높고 여러 피부미용사의 손을 거쳐 다수의 고객을 대상으로 하는 만큼 위생에 가장 많은 신경을 써야 한다. 비품과 더불어 사용하는 필수 소모품의 경우도 준비 · 보관 · 이용과정에서 세균감염이 되지 않도록 만전을 기해야 한다. 소독은 아래의 공중위생관리법 시행규칙 제5조 관련 별표3을 참고하여 대상의 재질에 맞게 실시한다.

▶ 작업대(예시)

– 피부미용 필수비품 및 소모품 –

▶ 수건 소/대

▶ 거즈

▶ 화장솜

▶ 해면볼

▶ 유리볼

▶ 해면

▶ 면봉

▶ 눈썹칼

▶ 사각터번

▶ 각종 스파츌라

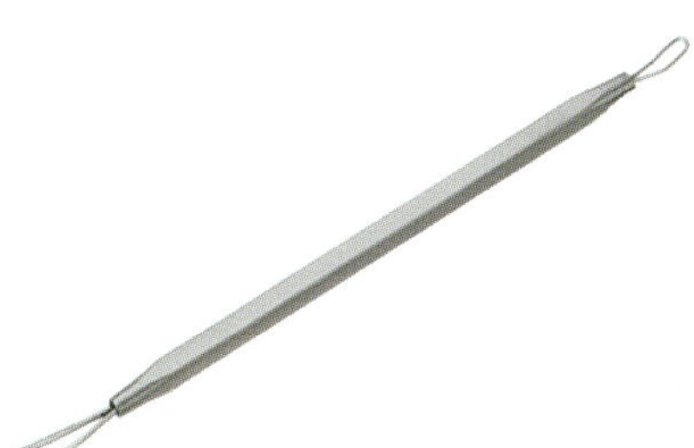

▶ 여드름압출기

▶ 고무볼 소/대

▶ 고객가운

▶ 관리사가운

▶ 1회용 위생팬티

▶ 팩붓 소/대/바디용

▶ 스텐솜통 원형

▶ 스텐솜통 사각형

▶ 온장고

▶ 자외선살균소독기

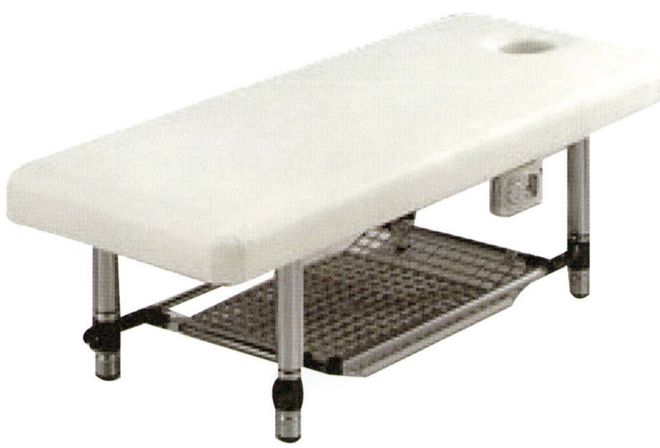

▶ 배드

▶ 관리사용 의자

▶ 왜건

1. 일반기준

① 자외선소독 : 1㎠당 85㎼ 이상의 자외선을 20분 이상 쬐어준다.

② 건열멸균소독 : 섭씨 100℃ 이상의 건조한 열에 20분 이상 쐬어준다.

③ 증기소독 : 섭씨 100℃ 이상의 습한 열에 20분 이상 쐬어준다.

④ 열탕소독 : 섭씨 100℃ 이상의 물속에 10분 이상 끓여준다.

⑤ 석탄산수소독 : 석탄산수(석탄산 3%, 물 97%의 수용액을 말한다)에 10분 이상 담가둔다.

⑥ 크레졸소독 : 크레졸수(크레졸 3%, 물 97%의 수용액을 말한다)에 10분 이상 담가둔다.

⑦ 에탄올소독 : 에탄올수용액(에탄올이 70%인 수용액을 말한다. 이하 이호는 7번에 첫째줄 이후 반복되는 에탄올수용액은 이전설명인 70%란 뜻이다)에 10분 이상 담가두거나 에탄올수용액을 머금은 면 또는 거즈로 기구의 표면을 닦아준다.

▶ 자외선살균소독기

▶ 건열멸균기

(3) 이상적인 소독제의 조건

① 가격이 저렴해야 한다.

② 각종 미생물에 대해 광범위하고 균일한 소독효과를 나타내고 작용시간도 신속해야 한다.

③ 냄새가 없어야 하며 있더라도 불쾌감을 주지 않아야 한다.

④ 사용자에게 독성이나 자극이 없어야 하며 환경에도 유해하지 않아야 한다.

⑤ 세척작용이 우수해야 한다.

⑥ 원액이나 희석된 상태에서 화학적으로 안정성이 있어야 한다.

⑦ 유기물질, 물의 경도나 산도 등 환경적인 요인에 의한 영향을 받지 않아야 한다.

(4) 이용 · 미용기구별 소독기준 및 방법

이 · 미용기구의 소독기준 및 방법에 대한 일반기준 외에 최근 제정된 개별 기구에 대한 소독 방법은 다음과 같다.

이용 · 미용기구별 소독기준 및 방법 [공중위생관리법 시행규칙 제5조 2017. 7. 3.시행]

1. 공통기준

가. 소독을 한 기구와 소독을 하지 아니한 기구로 분리하여 보관한다.

나. 소독 전에는 브러쉬나 솔을 이용하여 표면에 붙어있는 머리카락 등의 이물을 제거한 후, 소독액이 묻어있는 천이나 거즈를 이용하여 표면을 닦아낸다.

다. 사용 중 혈액이나 체액이 묻은 기구는 소독하기 전, 흐르는 물에 씻어 혈액 및 체액을 제거한 후 소독액이 묻어있는 일회용 천이나 거즈를 이용하여 표면을 닦아 물기를 제거한다.

라. 기타 사항

(1) 각 손님에게 세탁된 타올이나 도포류를 제공하여야 하며, 한 번 사용한 타올이나 도포류는 사용 즉시 구별이 되는 용기에 세탁 전까지 보관하여야 한다.

(2) 사용한 타올이나 도포류는 세제로 세탁한 후 건열멸균소독 · 증기소독 · 열탕소독 중 한 방법을 진행한 후 건조하거나, 0.1% 차아염소산나트륨용액(유효염소농도 1000 ppm)에 10분간 담가 둔 후 세탁하여 건조하기를 권장한다.

(3) 혈액이 묻은 타올, 도포류는 폐기한다.

(4) 스팀타올은 사용전 80℃이상의 온도에서 보관하고, 사용시 적정하게 식힌 후 사용하고 사용 후에는 타올 및 도포류와 동일한 방법으로 소독한다.

2. 기구별 소독기준

가. 기구사용 후

기구명	위험도	소독 방법
가위 바리캉 · 클리퍼 푸셔 빗	피부감염 및 혈액으로 인한 바이러스 전파 우려	① 표면에 붙은 이물질과 머리카락 등을 제거한다. ② 위생티슈 또는 소독액이 묻은 천이나 거즈로 날을 중심으로 표면을 닦는다. ③ 마른 천이나 거즈를 사용하여 물기를 제거한다.
토우세퍼레이터 라텍스 퍼프 해면	감염매체의 전달이나 자체 감염 우려	① 천을 이용하여 표면의 이물질을 닦아 낸다. ② 세척 후 소독액에 10분 이상 담근 후 흐르는 물에 헹구고 물기를 제거한다. ③ 자외선 소독 후 별도의 용기에 보관한다.
브러쉬(화장 · 분장용)	감염매체의 전달이나 자체 감염 우려	① 표면의 이물질을 제거한다. ② 세척제를 사용하여 세척한다. ③ 자외선 소독 후 별도의 용기에 보관한다.

※ 기구명은 현재 일반적으로 이 · 미용업소에서 주로 사용 · 지칭하는 용어를 사용

나. 영업종료 후

(1) 이물질 등을 제거하고 일반기준에 의해 소독작업 후, 별도의 용기에 보관하여 위생적으로 관리하여야 한다.

1. 자외선소독 : 1㎠당 85㎼ 이상의 자외선을 20분 이상 쬐어준다.

(5) 중요 비품 및 필수소모품 위생관리방법(예시)

작업장 내 모든 비품은 고객의 피부와 직접 접촉하므로 피부건강과 직결된다. 따라서 철저히 세척, 소독과정을 거쳐 보관 · 이용되어야 하며 비품의 재질에 따라 그 방법을 달리하여야 한다.

① 금속류(족집게, 핀셋, 가위 등)

금속류의 경우 부식 우려가 없는 자비 · 열탕소독 또는 알콜을 이용한 약품소독을 한다. 표면의 오염물질을 제거한 뒤 70% 알콜을 솜에 묻혀 잘 닦아준다.

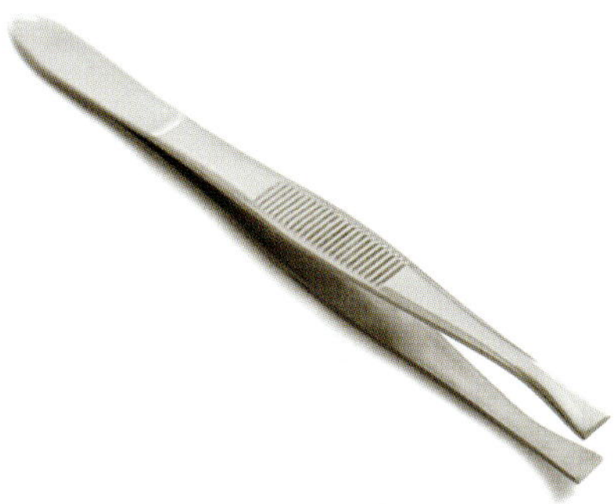

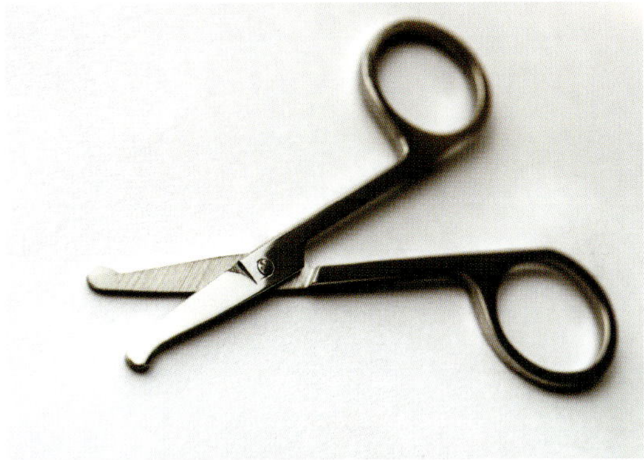

② 각종 볼

세제를 이용해 세척한 후 물기를 제거하고 자외선소독기에 20분 이상 소독한 후 보관한다.

③ **해면**

재사용 빈도가 가장 높은 해면의 경우 되도록 1회용으로 대체하는 것이 바람직하다. 만일 재사용하고자 한다면 세제를 이용해서 세척한 후 자외선소독기에 해면끼리 서로 겹치지 않도록 앞 · 뒷면을 골고루 소독하고 보관 시 습기가 없도록 완전히 건조시켜야 한다.

④ **스파츌라**

1회 사용 후 재사용하지 않도록 한다.

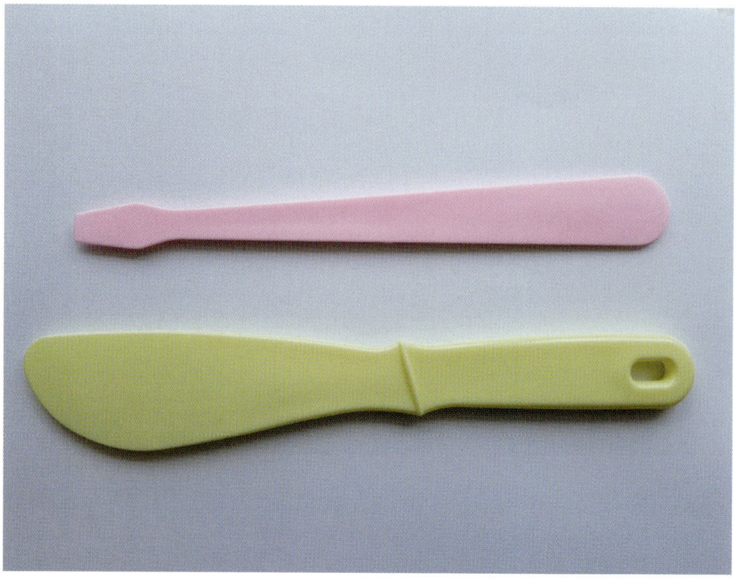

⑤ **제품 사용 위생관리**

- 화장품 유효기간 점검을 철저히 한다.
- 화장품은 적절한 온도에서 보관되어야 한다.
- 크림류의 제품은 소독된 스파출라에 덜어서 사용한다.
- 한 번 사용하고자 덜어낸 제품을 용기에 다시 담는 행위를 해서는 안 된다.
- 관리 시 사용하는 제품은 되도록 신속히 뚜껑을 닫는다.
- 관리 후 사용한 제품은 용기 표면도 닦아 용기의 청결도 관리하는 세심함이 필요하다.

(6) 수행준거에 따른 절차

① 위생관리 지침에 따라 피부미용 비품 위생관리 업무를 책임자와 협의하여 준비, 수행한다.

② 위생관리 지침에 따라 적절한 소독방법으로 피부관리실 내부의 비품을 소독 보관한다.

③ 소독제에 대한 유효기간을 점검한다.

④ 사용종류에 알맞은 피부미용 비품의 정리정돈을 수행한다.

3) 직원위생관리하기

학습목표

- **위생관리 지침에 따라 피부미용사로서 깨끗한 위생복, 마스크, 실내화를 구비하여 착용할 수 있다.**
- **장신구는 피하고 가벼운 화장과 예의 있는 언행으로 작업장 근무수칙을 준수할 수 있다.**
- **위생관리 지침에 따라 두발, 손톱 등 단정한 용모와 신체를 유지할 수 있다.**

(1) 피부미용사(피부관리사) 위생

① 정기적인 검강검진으로 건강상태 및 감염병 여부를 늘 점검한다.

② 감기 등 호흡기질환이 걸렸을 경우 마스크를 착용한다.

③ 손에 외상이 있을 경우 고객의 피부에 직접접촉을 피해야 한다.

④ 관리 전 후 손 세척 및 소독은 기본으로 한다.

⑤ 손톱은 짧고 네일에나멜은 바르지 않는다.

⑥ 헤어스타일은 본인의 취향에 맞게 하되 앞머리가 흘러내리지 않도록 위생적이고 정돈된 스타일을 연출한다.

⑦ 메이크업은 피부미용사 직무에 맞게 피부가 건강해보일 수 있도록 한다.

⑧ 구취나 체취에 유의한다.

⑨ 장신구는 하지 않는다.

(2) 피부미용사(피부관리사) 자세

① 피부미용사는 불특정다수의 고객을 서비스하는 만큼 위생개념을 갖고 위생관리 지침에 따라 직무에 임해야 한다.

② 유니폼을 착용하고 얼룩지고, 구겨지지 않게 관리한다.

③ 직위와 이름을 표시한 명찰을 가슴에 착용한다.

④ 신발은 실내용 샌들을 권장하며 발자국소리가 나지 않도록 주의한다.

⑤ 고객을 대할 때 항상 밝은 표정으로 예의를 다한다.

⑥ 고객과 대화를 할 때 전문가다운 용어와 언행을 하도록 한다.

⑦ 직장 내 작업장 근무수칙을 준수한다.

⑧ 진실한 마음과 태도로 고객에게 임해야 하며, 모든 고객에게 최선을 다해 노력한다.

(3) 수행준거에 따른 절차

① 위생관리 지침에 따라 피부미용사로서 깨끗한 위생복, 마스크, 실내화를 구비하여 착용한다.

② 장신구는 피하고 가벼운 화장과 예의 있는 언행으로 작업장 근무수칙을 준수한다.

③ 위생관리 지침에 따라 두발, 손톱 등 단정한 용모와 신체를 유지한다.

4) 평가자체크리스트(예시)

능력단위 요소	수행 준거	성취도		
		상(5)	중(3)	하(1)
피부미용 작업장 위생관리하기 (1201010210_16v2.1)	위생관리 지침에 따라 피부미용 작업장 위생 관리 업무를 책임자와 협의하여 준비, 수행할 수 있다.			
	쾌적함을 주는 피부미용 작업장이 되도록 체크리스트에 따라 환풍, 조도, 냉 · 난방시설에 대한 위생을 점검할 수 있다.			
	위생관리 지침에 따라 피부미용 작업장 청소 및 소독 매뉴얼을 작성할 수 있다.			
	피부미용 작업장 소독계획에 따른 작업장 소독을 통해 작업장의 위생상태를 관리할 수 있다.			
피부미용 비품 위생관리하기 (1201010210_16v2.2)	위생관리 지침에 따라 피부미용 비품 위생관리 업무를 책임자와 협의하여 준비, 수행할 수 있다.			
	위생관리 지침에 따라 적절한 소독방법으로 피부관리실 내부의 비품을 소독 보관할 수 있다.			
	소독제에 대한 유효기간을 점검할 수 있다.			
직원위생 관리하기 (1201010210_16v2.3)	사용종류에 알맞은 피부미용 비품의 정리정돈을 수행할 수 있다.			
	위생관리 지침에 따라 피부미용사로서 깨끗한 위생복, 마스크, 실내화를 구비하여 착용할 수 있다.			
	장신구는 피하고 가벼운 화장과 예의 있는 언행으로 작업장 근무수칙을 준수할 수 있다.			

03 STEP 피부미용 피부분석(1201010202_16v2)

1. 능력단위 정의

클렌징을 한 후 피부의 상태를 파악하고 평가하여 피부관리계획을 수립하는 능력이다.

2. 능력단위 요소 및 수행준거

능력단위	능력단위요소	수행준거
피부미용 피부분석 (1201010202_16v2)	클렌징하기 (1201010202_16v2.1)	1.1 피부유형별 상태에 따라 클렌징 방법과 제품을 선택할 수 있다.
		1.2 눈, 입술 순서로 포인트 메이크업을 클렌징 할 수 있다.
		1.3 피부유형에 맞는 제품과 테크닉으로 클렌징을 적용할 수 있다.
		1.4 온습포 또는 경우에 따라 냉습포로 닦아내고 토닉으로 정리할 수 있다.
	피부상태 분석평가하기 (1201010202_16v2.2)	2.1 고객정보 결과에 따른 피부부위와 상태를 파악할 수 있다.
		2.2 피부 문진, 견진, 촉진을 통해 피부의 탄력감이나 매끄러운 정도, 조직의 두께, 유분함량, 수분보유량, 각질화 상태 등을 파악할 수 있다.
		2.3 이마와 목에 스파츌라로 그어서 민감성 여부를 파악할 수 있다.
		2.4 관련 피부미용기구를 사용하여 피부상태를 파악할 수 있다.
		2.5 파악 결과에 따라 평가하고 유형별로 구분할 수 있다.
	피부관리계획 작성하기 (1201010202_16v2.3)	3.1 고객의 피부상태에 따라 유형별 피부관리계획을 작성할 수 있다.
		3.2 피부관리계획에 따라 적합한 피부관리 제품을 결정할 수 있다.
		3.3 고객의 상품선택을 위하여 피부관리 상품을 설명하고 추천할 수 있다.

1) 클렌징(Cleansing)하기

학습목표

- 피부유형별 상태에 따라 클렌징 방법과 제품을 선택할 수 있다.
- 눈, 입술 순서로 포인트 메이크업을 클렌징 할 수 있다.
- 피부유형에 맞는 제품과 테크닉으로 클렌징을 적용할 수 있다.
- 온습포 또는 경우에 따라 냉습포로 닦아내고 토닉으로 정리할 수 있다.

(1) 클렌징(Cleansing)이란?

피부관리의 도입단계로서 피부자체의 땀, 피지 등과 같은 노폐물과 메이크업 및 외부 오염물질을 제거하여 청결한 피부상태를 만든다. 또한 올바른 피부상태를 분석 평가하고 다음단계인 피부관리 계획 수립에도 필수적인 과정이다. 효율적인 클렌징을 위해서는 올바른 클렌징방법 및 제품의 선택이 중요하다.

(2) 클렌징(Cleansing)의 효과

① 피부자체에서 분비되는 땀, 피지 등을 제거한다.

② 각질을 제거한다.

③ 메이크업을 제거한다.

④ 다음 피부관리 단계의 제품 흡수를 돕는다.

(3) 클렌징(Cleansing)의 조건

① 땀, 피지, 메이크업 등이 잘 제거되어야 한다.

② 피부보호막을 파괴하지 않아야 한다.

③ 피부 수분 밸런스를 유지하여야 한다.

④ 피부타입에 맞는 제품을 선택해야 한다.

(4) 클렌징(Cleansing)제품의 종류

① 워터타입

눈 및 입술화장 제거에 용이하며 사용 시 끈적임이 적다.

② 티슈타입

클렌징성분을 티슈에 함유시킨 것으로 휴대가 용이하며 사용이 간편하다.

③ 거품타입

수성세안제로 물과 함께 사용한다. 비누대용으로 사용할 수 있으며 피부타입에 맞는 제품을 선택한다.

④ 로션타입

유성성분보다 수성성분이 많아 산뜻한 사용감을 주며 피부자극이 적고 비교적 모든 피부타입에 적합하다.

⑤ 크림타입

로션타입 대비 유성성분이 많이 함유되어 있어 짙은 화장 또는 건성피부에 적합하다. 제품에 따라서 크림의 잔여물이 모공을 막아 트러블을 유발할 수도 있으므로 이중세안을 고려해야 한다.

⑥ 오일타입

물에 쉽게 유화되는 친수성오일로 포인트화장 또는 짙은화장 제거에 용이하며 모든 피부타입에 사용이 가능하나 오일의 잔여물이 모공을 막아 트러블을 유발할 가능성도 있으므로 이중세안을 고려해야 한다.

⑦ 젤타입

손놀림이 용이하며 사용감이 부드럽고 세정력이 우수하여 여드름, 지성피부에 적합하다.

⑧ 폼타입

수성 세안제로 거품을 내어 그 거품으로 세안하는 타입이다. 손바닥에 약간의 물을 섞어서 거품을 낸다.

(5) 클렌징(Cleansing)의 단계

부분화장지우기 → 클렌징하기 → 해면으로 닦기 → 딥클렌징하기 → 해면 후 습포로 닦기 → 토너로 닦아내기

(6) 클렌징(Cleansing) 종류

① 포인트 메이크업 클렌징

얼굴의 눈썹, 속눈썹에 바르는 마스카라, 아이라인, 아이섀도, 입술의 색조 화장을 포인트 메이크업이라 말한다. 포인트 메이크업 클렌징이란 포인트 메이크업을 지우는 과정을 말한다.

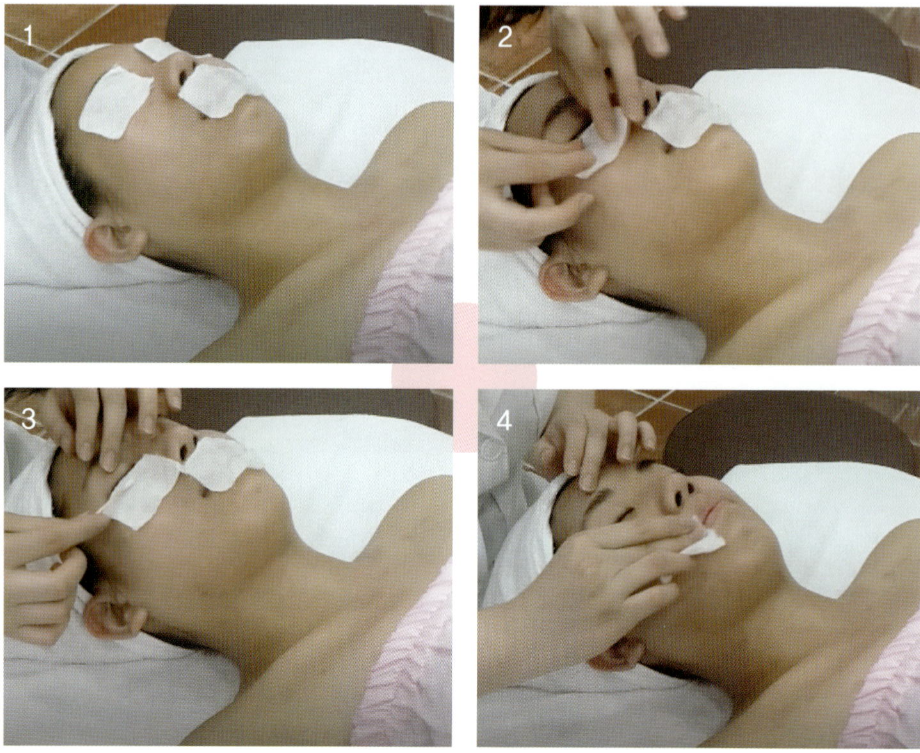

- 포인트 메이크업 클렌징 순서

  아이섀도 → 눈썹 → 아이라인→ 마스카라 → 입술

② 안면 클렌징

- 재료 및 기기

  기초화장품, 클렌징 제품(피부 유형 · 부위별), 토닉, 팩 · 마스크, 스파츌라, 티슈, 해면, 화장솜, 볼, 면봉, 온습포, 왜건

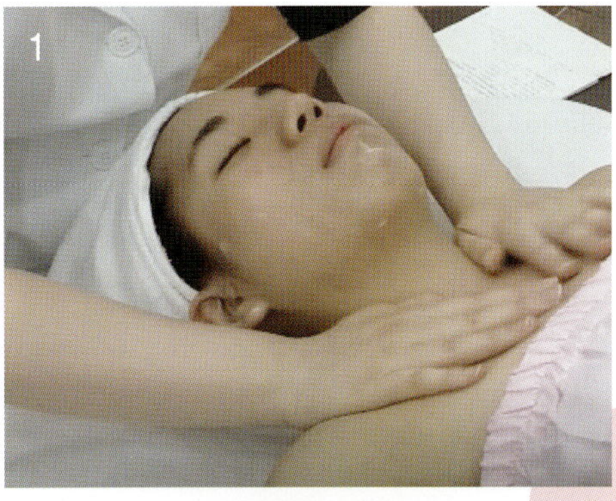
1

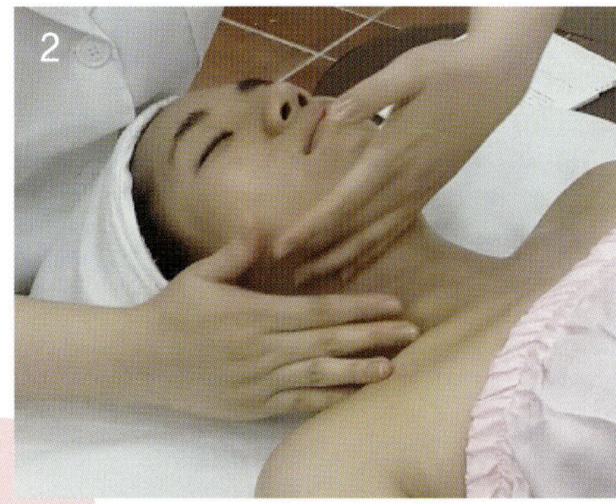
2

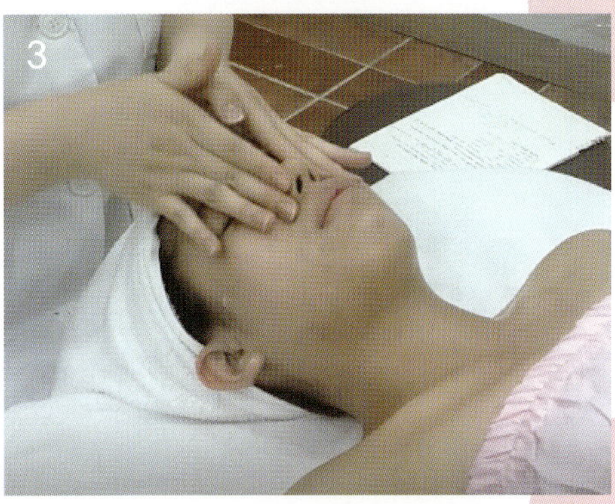
3

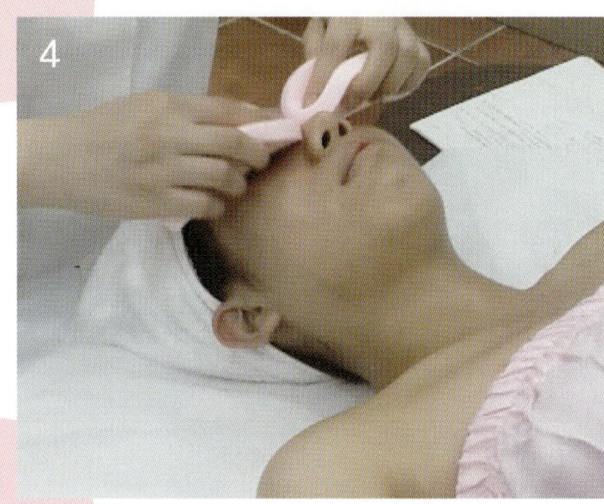
4

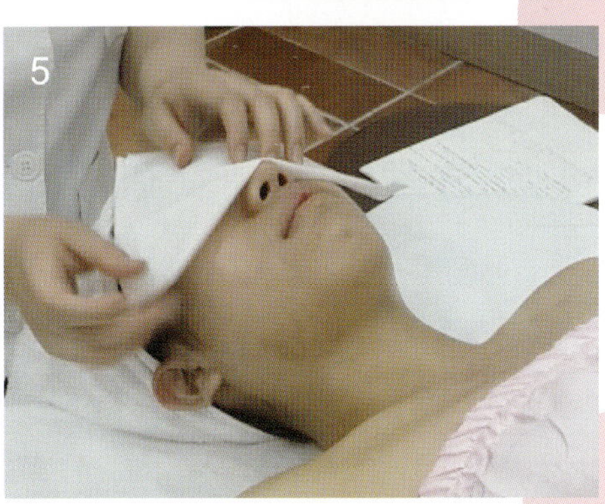
5

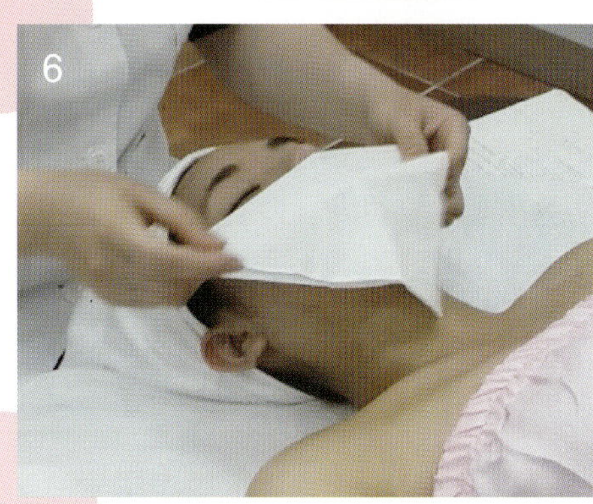
6

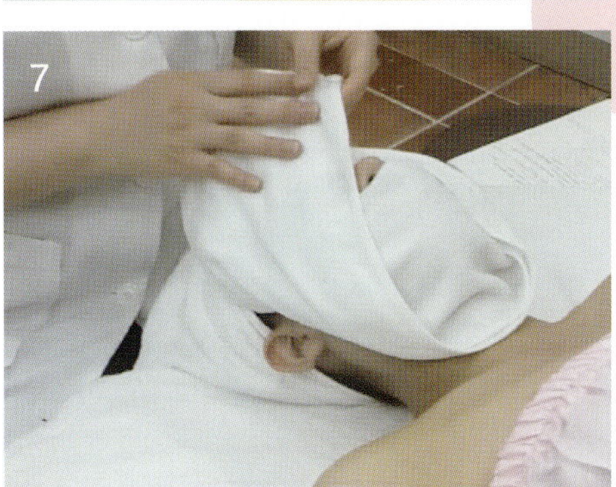
7

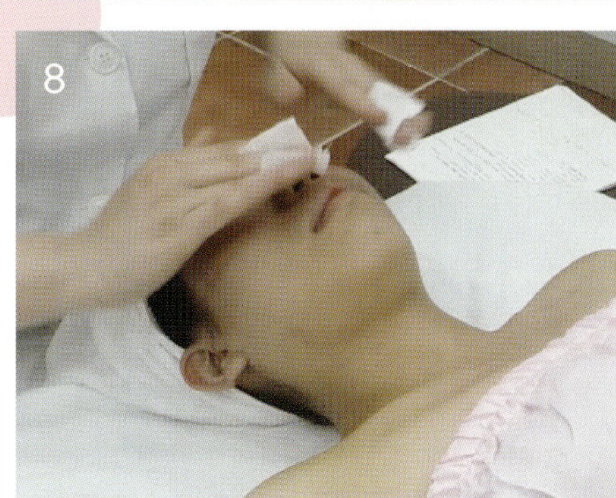
8

- 안전 및 유의사항

– 피부 타입에 맞는 제품을 선택하여 사용해야 한다.

– 제품 특징을 살려 위생적으로 사용해야 한다.

– 포인트 메이크업을 먼저 지워야 한다.

– 잔여물이 남지 않게 깨끗이 닦아야 한다.

– 고객을 위한 위생을 철저히 점검한다.

– 가슴 윗부분만 보이게 준비한다.

– 액세서리는 착용하지 않는다.

– 대타월로 고객을 덮어 준다.

– 귀가 접히지 않도록 한다.

– 클렌징 후 다음 단계를 위한 토닉을 사용해야 한다.

(7) 수행준거에 따른 절차

- 손을 소독한다.

  피부미용은 위생이 최우선이므로 손을 깨끗이 소독하고 고객을 편안한 상태로 베드에 눕힌다.

- 터번으로 머리카락을 감싼다.

- 포인트 메이크업을 먼저 리무버로 순서에 맞게 지운다.

  젖은 화장솜에 메이크업 리무버를 묻혀 아이섀도 → 눈썹 → 아이라인 → 마스카라 → 입술 순서로 닦아 낸다.

1차 클렌징(포인트 메이크업 클렌징)

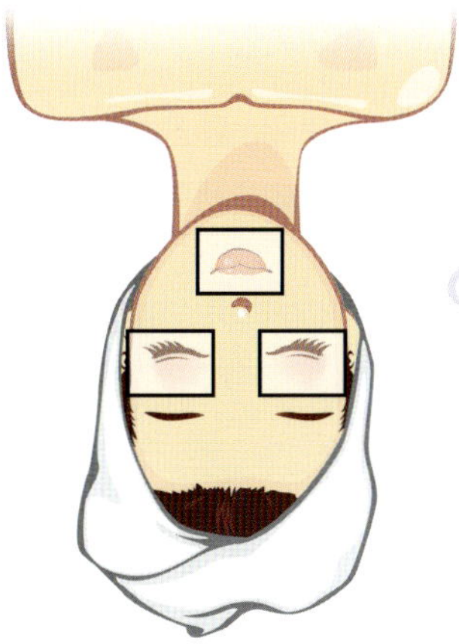

① start

양쪽 눈에 아이리무버를 묻힌 화장솜을 눈과 눈썹이 가려지도록 밀착하여 올린다.

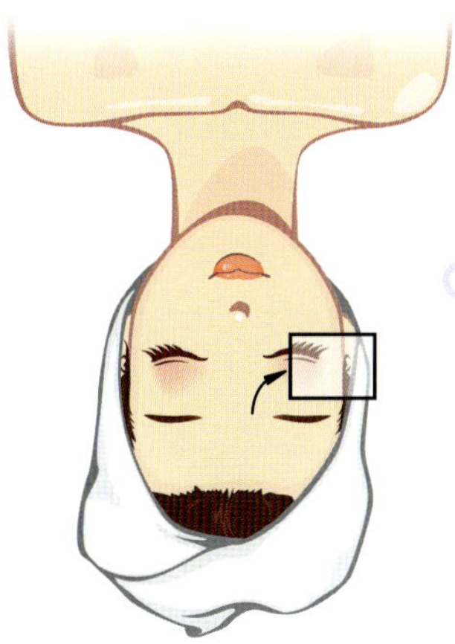

② 눈썹

한 손은 눈썹앞머리를 눌러 고정한 후 눈썹 머리에서 눈썹 꼬리 방향으로 가볍게 눌러 닦아낸다.

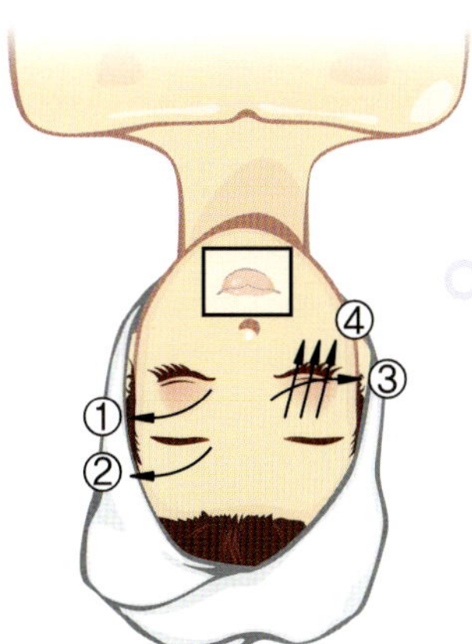

③ 아이섀도

한 손은 눈썹의 가운데 부분을 약간 끌어올리듯 당기며 고정한 후 눈두덩이에서 눈썹꼬리 방향으로 2~3회 가볍게 쓸어주며 닦아낸다.

④ 아이라인

면봉에 아이리무버를 묻혀
눈꼬리쪽으로 가볍게 닦아낸다.

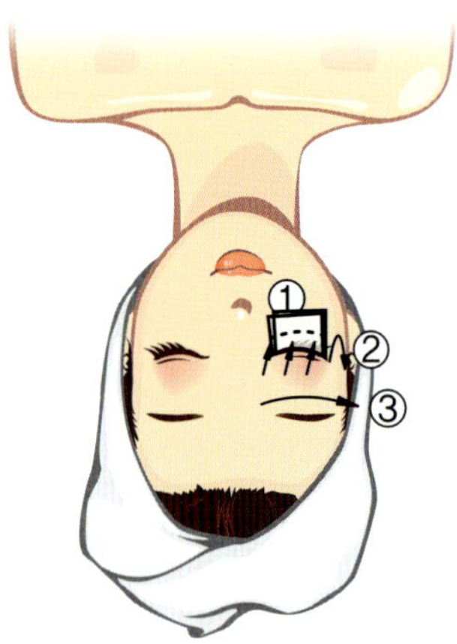

⑤ 마스카라

눈 밑에 젖은 화장솜을 받쳐 놓고 면봉에 아이리무버를 조금 묻혀 위에서 아래방향으로 닦아 낸다. 아이라인과 마스카라를 지운다. 화장솜을 눈썹 쪽으로 접어 올려서 눈꼬리 쪽으로 닦아낸다.

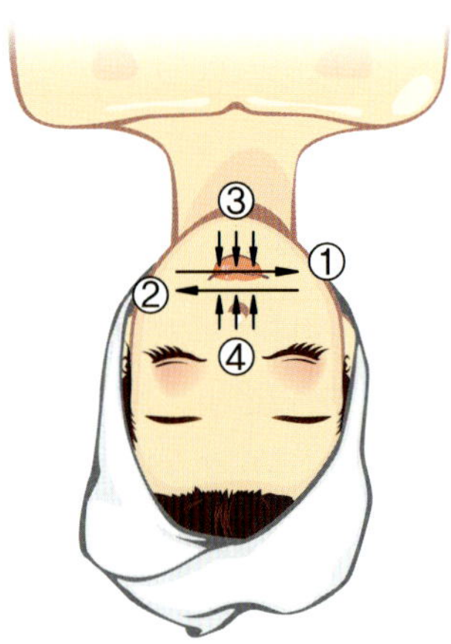

⑥ 입술

한 손으로 입술 끝을 가볍게 누르고 한쪽 입꼬리에서 반대편 입꼬리를 향해 닦아낸다. 윗입술은 위에서 아래로, 아랫입술은 밑에서 위로 닦아준다.

2차 클렌징 (얼굴 전체 클렌징)

클렌징 로션 또는 크림을 손바닥에 덜어 따뜻하게 한다.

얼굴과 목에 펴 바른 후 가볍고 신속하게 순서대로 문질러서 클렌징 한다.

데콜테 굴리기 → 목 굴리기 → 턱 밑 굴리기 → 뺨 3등분 굴리기 → 이마 → 입주위 → 코 굴리기 → 콧등 → 미간 → 눈 → 턱으로 뺀다.

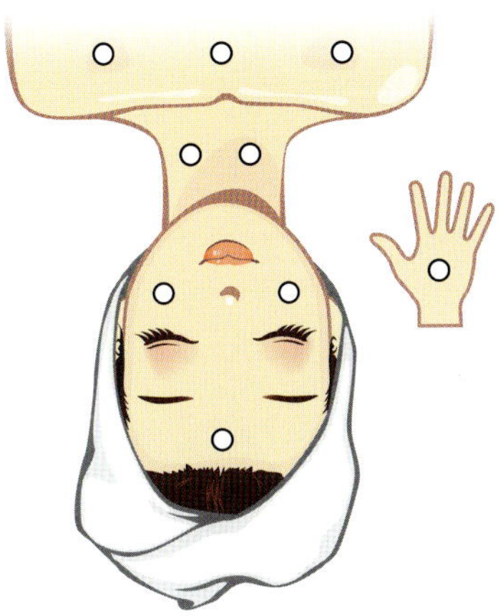

클렌징 제품을 피부 유형에 맞게 선택하여 손에 덜어내고 가볍게 문지른다.

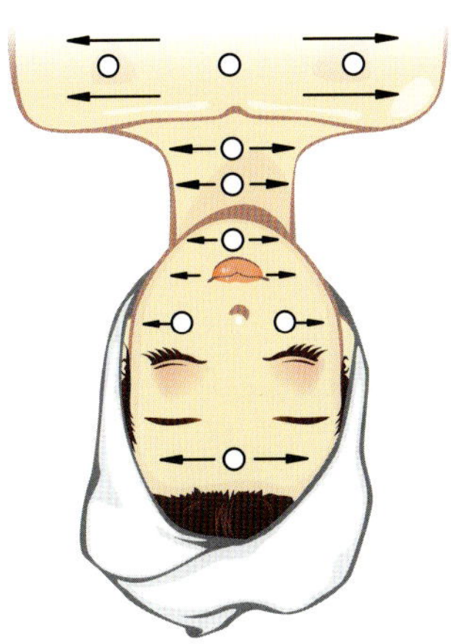

이마, 코, 뺨, 입 주변, 목의 순으로 도포한다(펴 바른다).

목부터 쓰다듬은 후 원을 그리며 문지르기 한다. 양 손을 번갈아 화살표 방향으로 문지르기 한다.

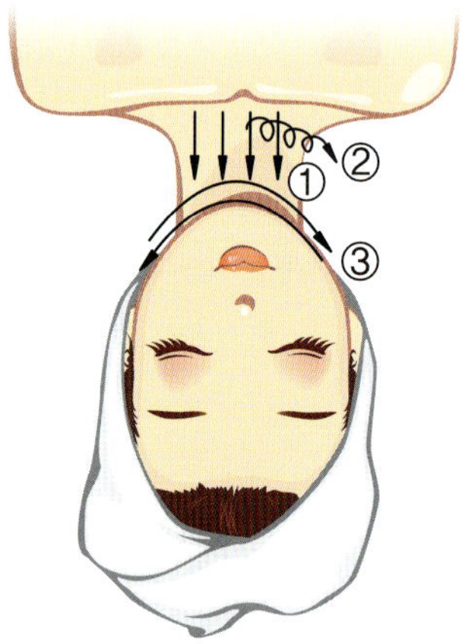

턱부위를 쓰다듬은 후 가볍게 문지르기 한다.

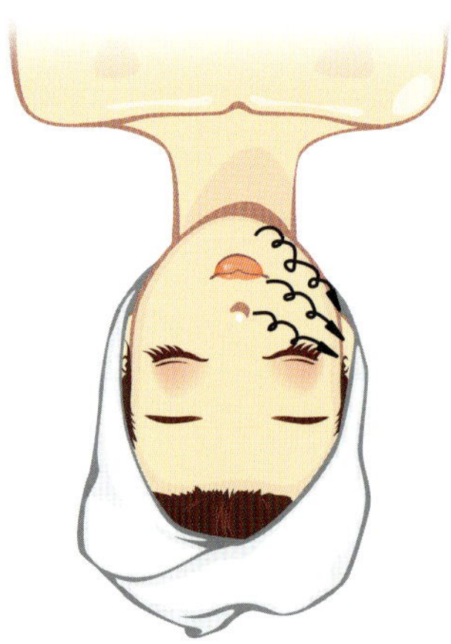

볼 부위를 문지르기 한다.

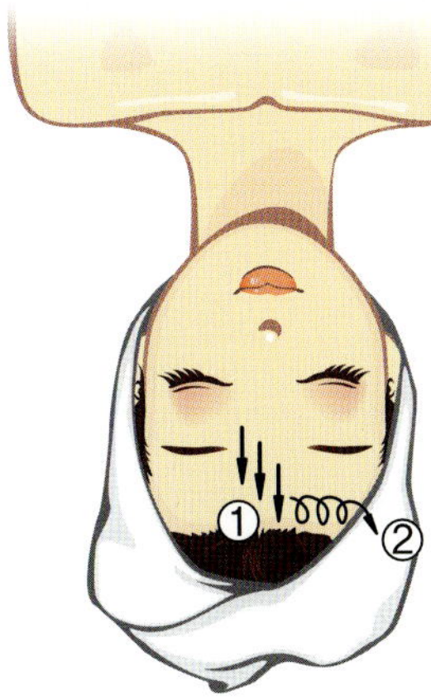

이마를 쓰다듬은 후 문지르기 한다.

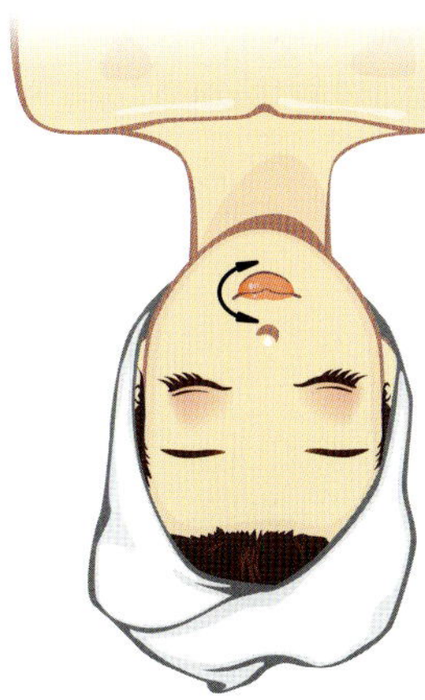

가운데 손가락을 중심으로
입술주변을 쓰다듬어 주고
문지르기 한다.

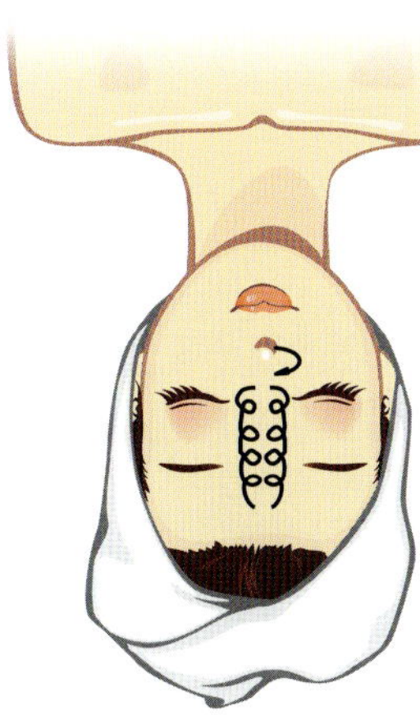

가운데 손가락을 중심으로 콧망울과
콧등을 굴리듯 문지르기 한다.

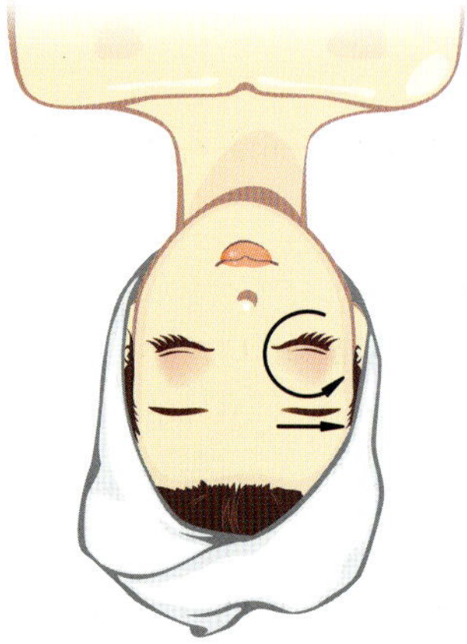

눈 주위를 가볍게 둥글려
문지르기 한다.

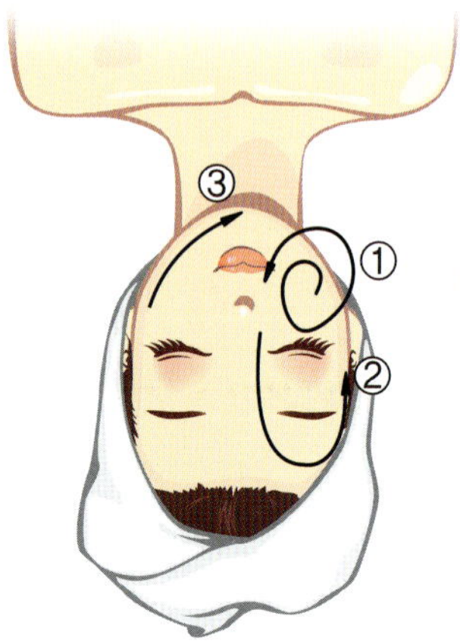

볼과 턱을 한번씩 둥글려 문지르기
한 후 콧등을 따라 이마와 관자놀이
그리고 귀앞을 지나 턱에서 양손을
모아 마무리 한다.

- 티슈로 닦기 : 티슈로 클렌징 잔여물을 닦아 낸다.

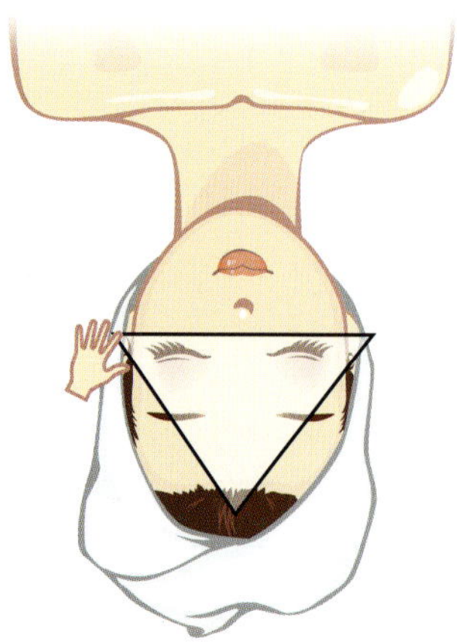

삼각형으로 접어서 긴 면이 콧등 위에
놓이도록 하여 얼굴의 위쪽이
가려지도록 덮은 후 살며시 밀착한다.

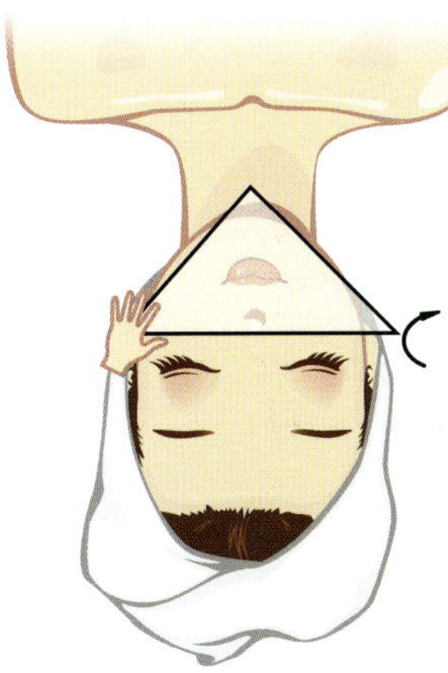

한손으로 티슈의 한쪽 끝을 고정한 후 다른 한쪽 끝을 뒤집어서 입술과 턱이 가려지도록, 얼굴 아래쪽이 가려지도록 덮은 후 살며시 밀착한다.

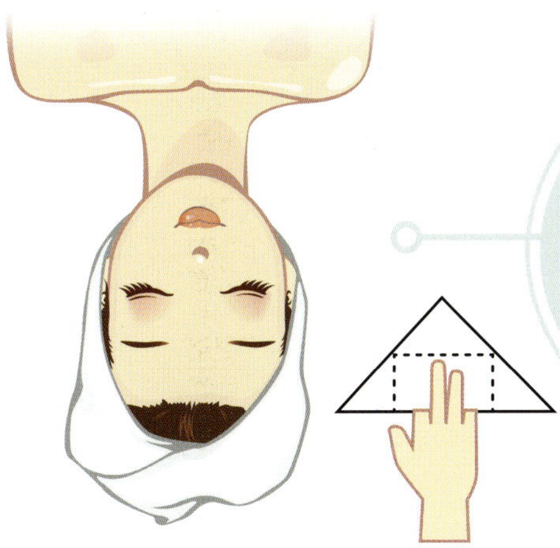

티슈가 오염되지 않은 면으로 뒤집어 접은 후 2지와 3지 사이, 4지와 5지 사이에 끼우고 손등 뒤에 단정히 접어 고정한 손으로 데콜테를 가볍게 두드리듯 누르며 닦아 준다.

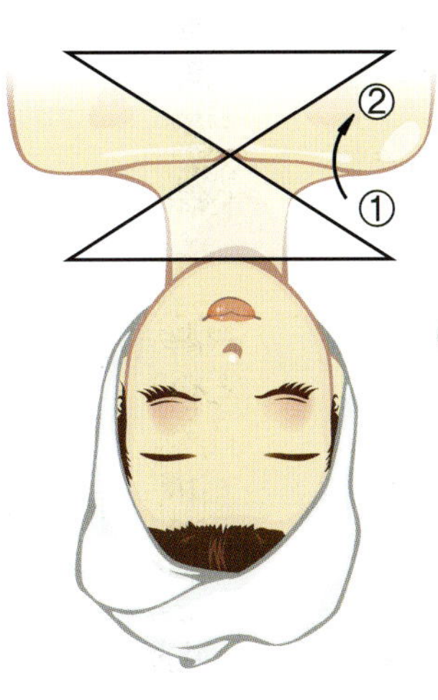

얼굴과 같은 방법으로 티슈로 데콜테를 닦아준다.

– 해면으로 닦기

- 해면을 꼭 쥐었을 때 물기가 흐르지 않을 정도의 젖은 해면으로 얼굴을 닦는다.

눈 → 눈썹 → 이마 3등분 → 코 → 뺨 3등분 → 인중 · 입술 → 목 → 귀 순으로 닦는다.

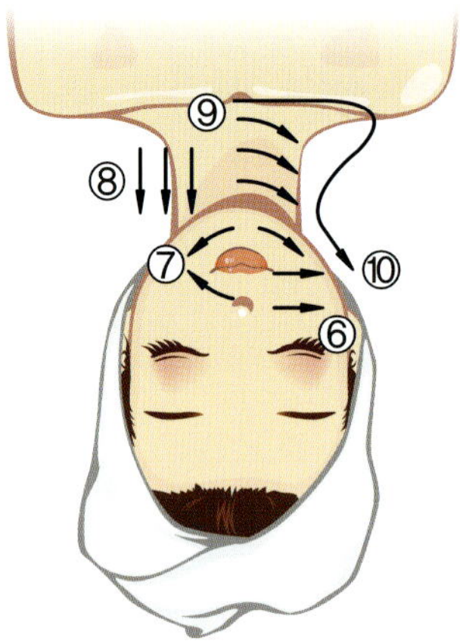

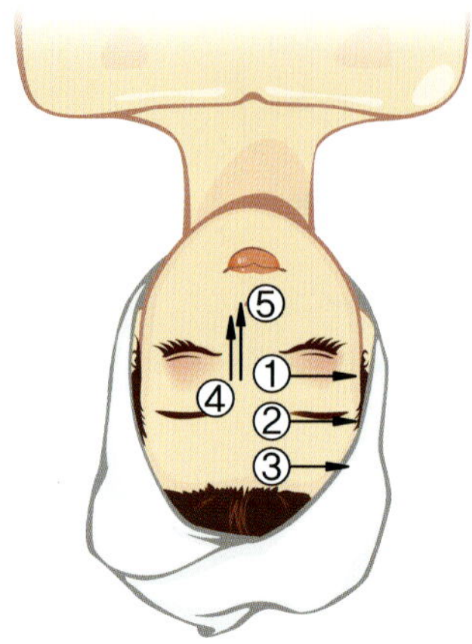

콧망울과 헤어라인 주변도 세심히 닦아준다.

- 데콜테 닦기

가슴 윗부분 → 어깨 → 뒷목 순으로 닦는다.

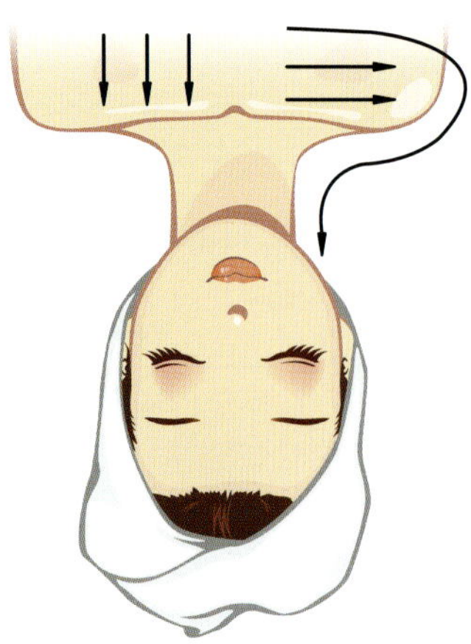

양손을 번갈아 가슴 윗부분을
닦아주고 양쪽 어깨를 향해 닦아준다.

– 습포로 닦기

손 소독 후 온습포를 쟁반에 담아 가져온다.

길게 접힌 타올의 열린 부분이 턱을 향하도록 잡는다.

관리사의 손목이나 팔 안쪽에 습포를 대어 온도를 체크한다.

고객이 놀라지 않도록 "따뜻합니다."라고 말하여 고객에게 알린다.

고객의 이마에 습포를 살짝 닿듯이 온도를 체크하며 턱으로 내린다.

콧구멍을 가리지 않도록 하여 턱을 습포로 덮은 후 양끝은 이마를 향해 삼각형으로 접는다.

약 10초 정도 온기가 전해지도록 유지한다.

삼각형으로 접힌 습포의 양 끝에 한손씩 넣어 얼굴과 데콜테를 닦는다.

• 습포 얹기

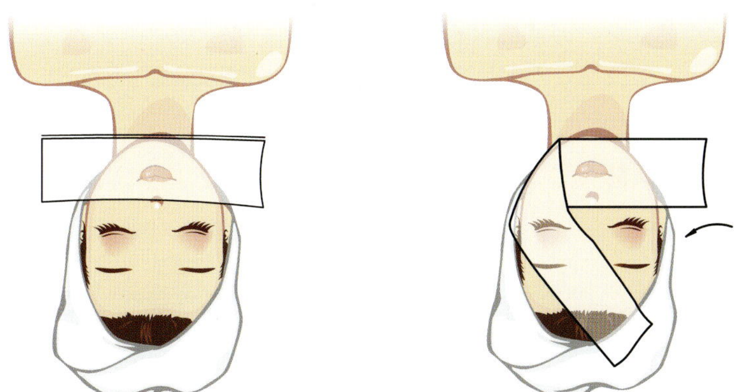

• 얼굴 닦기

눈 → 눈썹 → 이마 → 코 → 뺨 3등분→ 입주위 → 턱 → 귀의 순으로 닦는다.

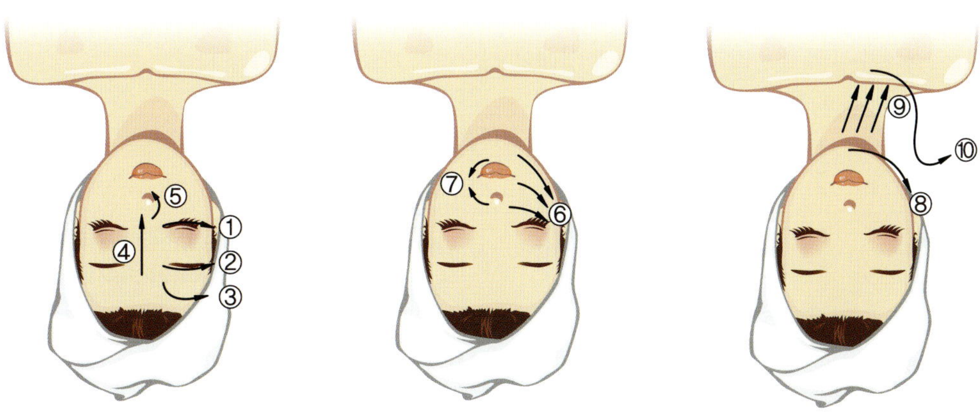

- 데콜테 닦기

오른쪽 목 → 오른쪽 가슴 → 왼쪽 목 → 왼쪽 가슴 순으로 닦는다.

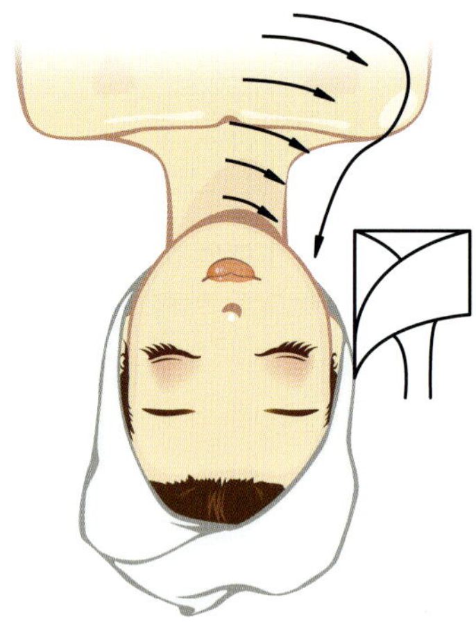

※출처 – NCS학습모듈

온습포 사용 시 주의사항

- **지성피부**

  피지를 녹여주기 위해 뜨겁게 느낄 정도의 습포를 사용하는 것이 좋다.

- **건성피부**

  수분이 부족한 피부이므로 아주 뜨거운 습포는 피한다.

- **정상피부**

  유 · 수분의 밸런스가 잘 조화된 상태이므로 약간 따뜻한 습포가 좋다.

- 토닉 바르기

토닉으로 잔여물을 정돈한다.

턱 → 뺨 → 입주위 → 코 → 눈 → 눈썹 → 이마 → 목 → 데콜테 순으로 토닉을 바른다.

2) 피부상태 분석평가하기

학습목표

- 고객정보 결과에 따른 피부부위와 상태를 파악할 수 있다.
- 피부 문진, 견진, 촉진을 통해 피부의 탄력감이나 매끄러운 정도, 조직의 두께, 유분함량, 수분보유량, 각질화 상태 등을 파악할 수 있다.
- 이마와 목에 스파출라로 그어서 민감성 여부를 파악할 수 있다.
- 파악 결과에 따라 평가하고 유형별로 구분할 수 있다.

(1) 피부분석의 목적

실질적인 피부관리에 앞서 반드시 선행되어야 할 필수 과정이 피부분석이다. 정확한 피부분석을 위해서는 고객의 기초정보 등에 충분히 귀 기울이고, 다양한 방법을 활용하여 분석하여야 한다. 이후 분석된 정보 및 자료를 바탕으로 피부유형에 따른 제품 선택과 피부관리계획을 수립하게 되며 이는 결과적으로 피부관리 효과의 극대화에 기여하게 된다.

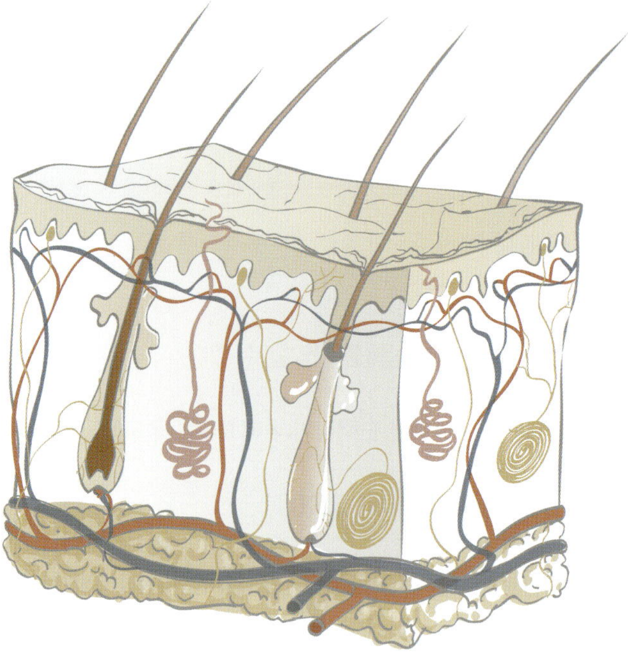

▶ 피부의 구조

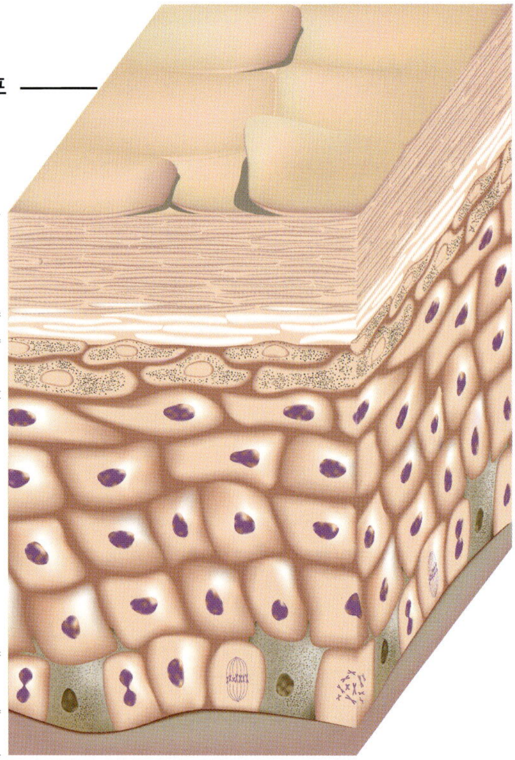

▶ 표피의 구조

(2) 피부분석 방법

① 문진

고객과의 상담 시 질문을 통해 피부상태를 분석하는 방법이다. 일반적으로 고객의 기초 사항 등에 대한 질문이 해당된다. 경우에 따라 고객 스스로 설문에 대한 답을 작성할 수도 있다.

② 촉진

고객의 피부를 손으로 직접 만져봄으로써 피부상태를 분석하는 방법이다. 주로 피부의 표면의 거칠기, 유연도, 탄력도 등을 감지할 수 있다.

③ 견진

고객의 피부상태를 육안으로 관찰하거나 피부미용기기를 활용하여 분석하는 방법이다.
피부 유 · 수분, 모공, 각질, 여드름과 같은 피부질환 유무 등을 판별하는데 도움이 된다.

(3) 기기를 활용한 피부분석

① 우드램프(Wood Lamp)

파장 365nm 이상의 장파장 자외선과 청백색의 가시광선 스펙트럼 일부만을 선택적으로 나오도록 만든 특수광선 램프를 활용한 기기이다. 육안으로 보기 어려운 모공의 크기, 피지량, 색소 침착상태 진단에 용이하다. 측정 시에는 반드시 메이크업을 제거한 상태여야 한다.

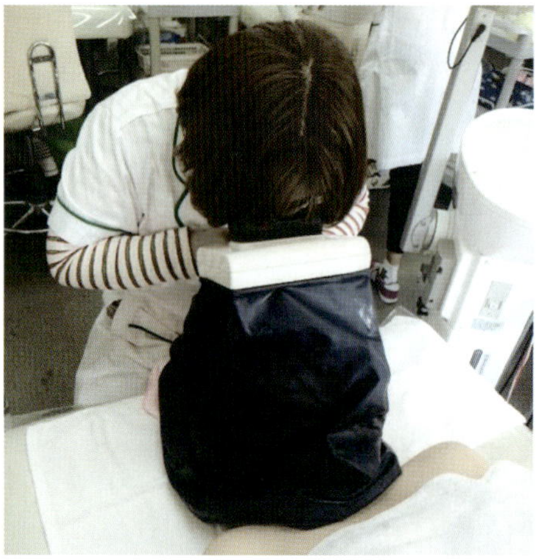

피부상태	우드램프에 나타나는 피부색
각질	먼지와 같은 하얀 가루형태
여드름성 요소	노란색–오렌지색
색소침착(점)	갈색(암갈색)
정상피부	푸른빛이 도는 흰색형광(청백색)
노화피부	자주색형광
건성피부	밝은 보라색
지성피부	오렌지색

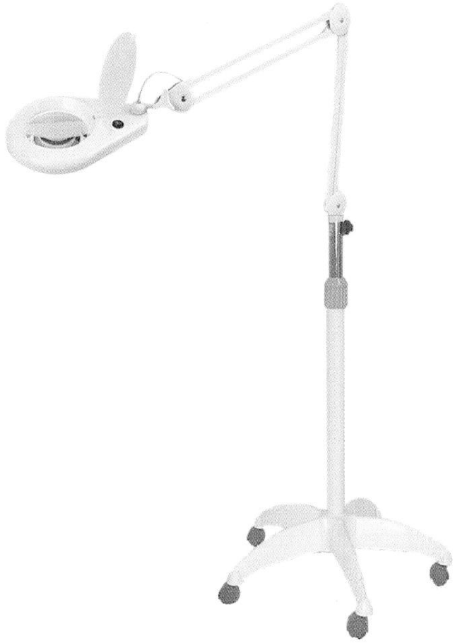

② 확대경(Magnifying Glass)

피부분석 시 육안으로 판별이 어려운 경우 피부의 표면을 확대시켜 관찰할 수 있다. 확대배율은 3.5 ~10배율까지 다양하며, 일반적으로는 3.5~5배율의 확대경을 주로 사용한다. 모공, 여드름, 잔주름 등의 피부상태를 판별하는데 도움이 된다.

③ pH측정기(Skin – pH – meter)

피부표면의 pH를 측정하는 기기이다.

④ 수분 측정기(Corneometer)

피부의 보습도를 측정하는 기기이며 정확한 측정을 위해서는 일정한 항온항습조건이 필요하다.

⑤ 유분측정기(Sebumeter)

피부의 유분도(피지량)를 측정하는 기기이다.

⑥ 스킨 스코프(Skin Scope)

피부와 두피 및 모발을 측정하는 기기로 30~800배율의 확대경으로 분석할 수 있는 기기이다.

피부의 각질, 피부결, 모공크기, 피지량, 색소침착 정도 등을 정확하게 관찰할 수 있다.

(4) 기기활용 피부분석시 유의사항

① 외부환경 및 계절을 고려한다.

② 피부분석 이전에 반드시 클렌징이 선행되어야 정확한 진단이 가능한다.

③ 확대경 및 우드램프 사용 시에는 고객의 눈을 보호하기 위해 반드시 아이패드로 눈을 보호해야 한다.

④ 사용되는 기기는 사용전후 위생상태에 유의해야한다.

⑤ 피부 수분, 유분의 측정은 세안 후 20～30분 경과 시점에 측정한다.

(5) 피부유형의 특징 및 관리방법

① 정상 피부(Normal Skin)

가장 이상적인 피부유형으로 모든 피부조직의 상태와 생리기능이 정상인 상태를 말한다. 그러나 신체적, 환경적 요인 등에 따라 변화될 수 있으므로 정상상태를 유지할 수 있도록 해야 한다.

▪ 특징

- 피부결이 고르고 표면이 매끄럽다.
- 모공이 섬세하여 두드러지게 관찰되지 않는다.
- 피부 유 · 수분 정도가 적당하다.
- 세안 후 피부당김을 느끼지 못한다.
- 탄력이 있으며 여드름, 색소침착이 없다.

▪ 관리방법

- 개인의 신체상태 및 연령과 계절을 고려하여 제품선택을 한다.

– 피부타입에 맞는 딥클렌징 제품을 규칙적으로 사용하여 불필요한 각질을 관리한다.

– 주 1회 메뉴얼테크닉 및 보습 · 영양팩을 실시한다.

② 건성 피부(Dry Skin)

피지선과 한선의 기능이 원활하지 못해 건조한 피부를 말한다. 피부건조함은 노화를 촉진시키는 요인이며 저항력이 약하므로 특별한 주의를 요한다.

▪ 특징

– 피부결이 얇고 고르며 표면이 매끄럽다.

– 모공이 매우 섬세하여 관찰되지 않는다.

– 피부표면에 윤기를 관찰할 수 없다.

– 세안 후 피부당김을 느낀다.

– 잔주름과 각질이 발견된다.

– 육안으로 피부 건조함을 느낄 수 있으며 화장이 잘 안받는다.

▪ 관리방법

– 특히 건조한 계절 관리에 유의하고 실내습도를 유지한다.

– 클렌징제품이 보호막을 파괴하지 않아야 하며 상태에 따라 딥클렌징은 생략할 수도 있다.

– 주 1~2회 매뉴얼테크닉 및 보습 · 영양팩을 실시한다.

③ 지성 피부(Oily Skin)

피지선의 기능이 활발하여 피지 분비가 많은 피부로 정상보다 과다한 피지가 관찰되는 피부이다. 과잉 생산된 피지로 인해 피부표면이 번들거리며 거칠고 칙칙해 보인다. 또한 모공 밖으로 나오지 못한 피지로 인해 여드름 유발의 원인이 된다.

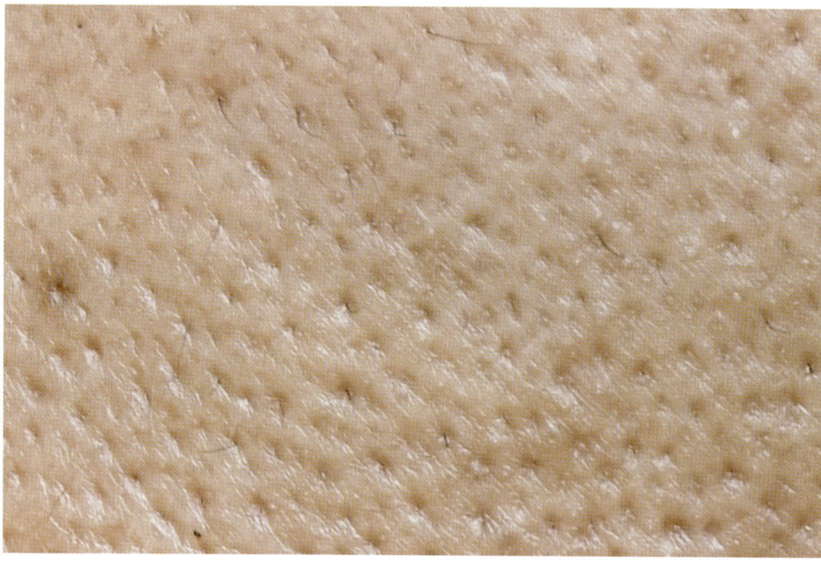

▶ 지성피부

▪ 특징

- 과도한 피지분비로 피부표면이 번들거린다.
- 모공확장이 관찰되며 피부결이 거칠다.
- 모공 속 과잉생산된 피지로 인해 여드름이 발생되기도 한다.
- 화장이 쉽게 지워진다.

▪ 관리방법

- 클렌징을 세심히 한다.
- 주 1~2회 딥클렌징을 실시하여 각질을 관리한다.
- 주 1~2회 피지제거 효과가 있는 팩을 사용한다.
- 유분기가 많은 화장품의 사용을 제한한다.
- 피부호흡을 방해하지 않는 가벼운 화장을 한다.

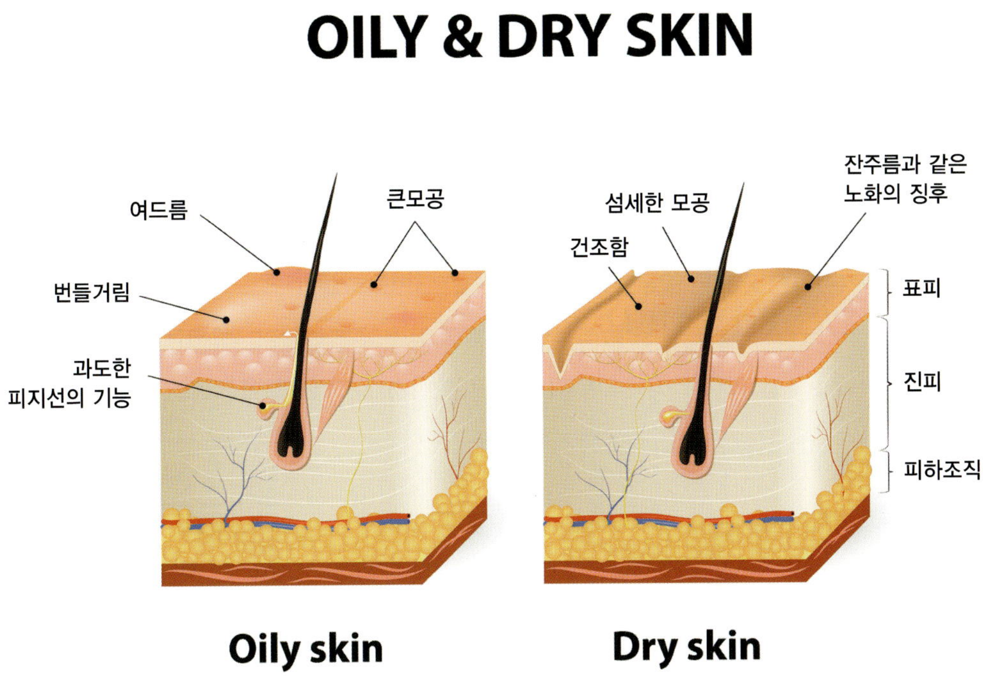

▶ 지성 · 건성피부 비교

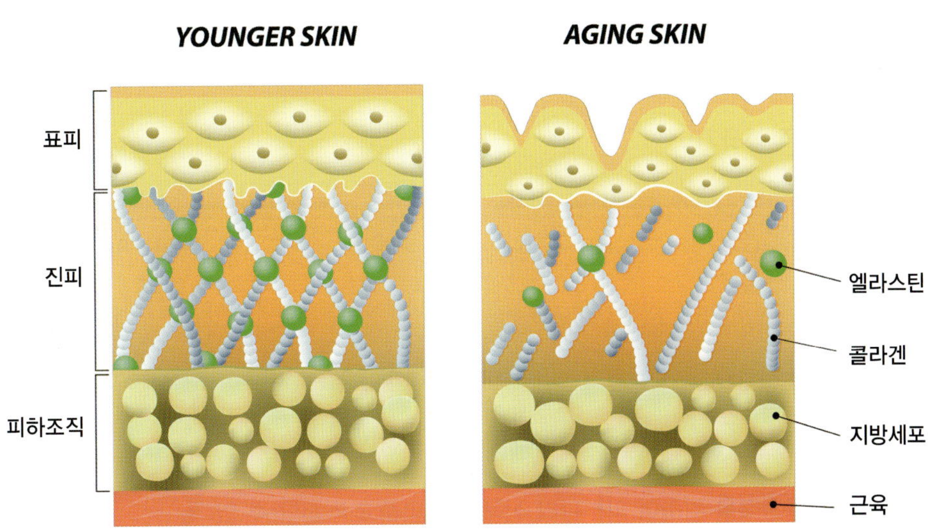

▶ 노화 비교

④ 복합성 피부관리(Combination Skin)

피지선과 한선의 기능이 원활하지 못해 불균형한 피부를 말하며 2가지 이상의 피부유형이 공존하는 피부를 말한다.

▪ 특징

- 2가지 이상의 피부유형이 발견된다.
- 일반적으로 T-Zone인 이마, 코, 턱 부위는 피지분비가 왕성하며 여드름이 발견되며 U-Zone인 입가와 볼 주변은 건조하다.
- 피부표면이 불규칙하다.

▪ 관리방법

- 각 부위별 피부타입에 맞는 제품을 선택해서 관리한다.
- 주 1회 딥클렌징을 실시하여 각질을 관리한다.
- 각 부위별 주 1회 매뉴얼테크닉 및 피지흡착 · 보습 · 영양팩을 실시한다.

3) 피부관리계획 작성하기

학습목표

▪ 고객의 피부상태에 따라 유형별 피부관리계획을 작성할 수 있다.

▪ 피부관리계획에 따라 적합한 피부관리 제품을 결정할 수 있다.

▪ 고객의 상품선택을 위하여 피부관리 상품을 설명하고 추천할 수 있다.

(1) 정상피부 관리계획표(예시)

<table>
<tr><th colspan="4">관리계획카드</th></tr>
<tr><td>고객번호</td><td></td><td>일자</td><td></td></tr>
<tr><td>고객명</td><td></td><td>담당자</td><td></td></tr>
<tr><td rowspan="2">관리목적
및
기대효과</td><td colspan="3">관리목적 : 생리기능(피지선과 한선)이 정상인 피부이므로 현재의 상태를 유지하는데 목적을 둔다.</td></tr>
<tr><td colspan="3">기대효과 : 유분과 수분의 균형을 유지해주어 건조하지 않고 건강한 피부상태를 기대한다.</td></tr>
<tr><td>클렌징</td><td colspan="3">오일 □ 크림 □ 밀크/로션 ■ 젤 □</td></tr>
<tr><td>딥클렌징</td><td colspan="3">고마쥐(gommage) □ 효소(enzyme) ■ AHA □ 스크럽 □</td></tr>
<tr><td>메뉴얼테크닉 제품타입</td><td colspan="3">오일 ■ 크림 ■</td></tr>
<tr><td>손을 이용한 관리형태</td><td colspan="3">일반 ■ 미용경락 □ 림프 □</td></tr>
<tr><td rowspan="3">팩</td><td colspan="3">T–존 : 건성타입 팩 □ 정상타입 팩 ■ 지성타입 팩 □</td></tr>
<tr><td colspan="3">U–존 : 건성타입 팩 □ 정상타입 팩 ■ 지성타입 팩 □</td></tr>
<tr><td colspan="3">목부위 : 건성타입 팩 □ 정상타입 팩 ■ 지성타입 팩 □</td></tr>
<tr><td>마스크</td><td colspan="3">석고 마스크 □ 고무모델링 마스크 ■ 기타특수 마스크 □</td></tr>
<tr><td rowspan="4">고객관리계획</td><td colspan="3">1주 : 포인트클렌징 → 클렌징(로션타입) → 딥클렌징(효소) → 메뉴얼테크닉 → 모델링마스크(고무마스크) → 보습제 → 자외선차단제</td></tr>
<tr><td colspan="3">2주 : 포인트클렌징 → 클렌징(로션타입) → 딥클렌징(고마쥐) → 메뉴얼테크닉 → 수분팩 → 보습제 → 자외선차단제</td></tr>
<tr><td colspan="3">3주 : 포인트클렌징 → 클렌징(로션타입) → 딥클렌징(효소) → 메뉴얼테크닉 → 모델링마스크(고무마스크) → 보습제 → 자외선차단제</td></tr>
<tr><td colspan="3">4주 : 포인트클렌징 → 클렌징(로션타입) → 딥클렌징(고마쥐) → 메뉴얼테크닉 → 콜라겐 벨벳마스크 → 보습제 → 자외선차단제</td></tr>
<tr><td rowspan="2">자가관리
(홈케어)
조언</td><td colspan="3">아침 : 미온수세안 → 화장수 → 보습제 → 자외선차단제
저녁 : 포인트클렌징 → 클렌징(로션타입) → 화장수 → 보습제(세럼, 아이크림, 영양크림, 넥크림)
※ 주 1회 효소 등을 활용하여 딥클렌징 한다.
주 1회 수분팩을 적용한다.</td></tr>
<tr><td colspan="3">기타 : 균형잡힌 식생활과 규칙적인 생활습관을 유지하며, 적당한 운동으로 건강을 유지한다.</td></tr>
</table>

(2) 건성피부 관리계획표(예시)

관리계획카드			
고객번호		일자	
고객명		담당자	
관리목적 및 기대효과	관리목적 : 생리기능(피지선과 한선)이 부족한 건성 피부이므로 부족한 수분과 유분을 공급하며 신진대사를 촉진하는데 목적을 둔다.		
	기대효과 : 유분과 수분의 균형을 유지해주어 건조하지 않고 건강한 피부상태를 유지하며, 잔주름 예방 및 노화지연을 기대한다.		
클렌징	오일 □ 크림 □ 밀크/로션 ■ 젤 □		
딥클렌징	고마쥐(gommage) □ 효소(enzyme) ■ AHA □ 스크럽 □		
메뉴얼테크닉 제품타입	오일 ■ 크림 ■		
손을 이용한 관리형태	일반 ■ 미용경락 ■ 림프 □		
팩	T–존 : 건성타입 팩 ■ 정상타입 팩 □ 지성타입 팩 □		
	U–존 : 건성타입 팩 ■ 정상타입 팩 □ 지성타입 팩 □		
	목부위 : 건성타입 팩 ■ 정상타입 팩 □ 지성타입 팩 □		
마스크	석고 마스크 ■ 고무모델링 마스크 ■ 기타특수 마스크 ■		
고객관리계획	1주 : 포인트클렌징 → 클렌징(로션타입) → 딥클렌징(효소) → 메뉴얼테크닉 → 수분팩 → 보습제 → 자외선차단제		
	2주 : 포인트클렌징 → 클렌징(로션타입) → 딥클렌징(효소) → 메뉴얼테크닉 → 영양(너리싱)팩 → 보습제 → 자외선차단제		
	3주 : 포인트클렌징 → 클렌징(로션타입) → 딥클렌징(효소) → 메뉴얼테크닉 → 모델링마스크(고무마스크) → 보습제 → 자외선차단제		
	4주 : 포인트클렌징 → 클렌징(로션타입) → 딥클렌징(효소) → 메뉴얼테크닉 → 콜라겐 벨벳마스크 → 보습제 → 자외선차단제		
자가관리 (홈케어) 조언	아침 : 미온수세안 → 화장수 → 보습제 → 자외선차단제 저녁 : 포인트클렌징 → 클렌징(로션타입) → 화장수 → 보습제(세럼, 아이크림, 영양크림, 넥크림) ※ 주 1회 효소 등을 활용하여 딥클렌징 한다. 주 1~2회 수분팩 또는 영양(너리싱)팩을 적용한다.		
	기타 : 균형잡힌 식생활과 규칙적인 생활습관을 유지하며, 적당한 운동으로 건강을 유지한다.		

(3) 지성피부 관리계획표(예시)

관리계획카드			
고객번호		일자	
고객명		담당자	
관리목적 및 기대효과	관리목적 : 피지선의 기능이 과다한 지성 피부이므로 원활한 피지배출을 도와 피지분비를 조절해주고, 과각질 및 노폐물 제거에 목적을 둔다.		
	기대효과 : 피지를 조절하여 트러블 및 여드름적 요소를 예방하고, 피부호흡을 개선하여 맑고 깨끗한 피부를 기대한다.		
클렌징	오일 □ 크림 □ 밀크/로션 ■ 젤 ■		
딥클렌징	고마쥐(gommage) □ 효소(enzyme) □ AHA ■ 스크럽 ■		
메뉴얼테크닉 제품타입	오일 ■ 크림 ■		
손을 이용한 관리형태	일반 ■ 미용경락 □ 림프 ■		
팩	T–존 : 건성타입 팩 □ 정상타입 팩 □ 지성타입 팩 ■		
	U–존 : 건성타입 팩 □ 정상타입 팩 □ 지성타입 팩 ■		
	목부위 : 건성타입 팩 □ 정상타입 팩 □ 지성타입 팩 ■		
마스크	석고 마스크 □ 고무모델링 마스크 ■ 기타특수 마스크 ■		
고객관리계획	1주 : 포인트클렌징 → 클렌징(젤타입) → 딥클렌징(고마쥐) → 메뉴얼테크닉 → 청정팩 → 보습제 → 자외선차단제		
	2주 : 포인트클렌징 → 클렌징(젤타입) → 딥클렌징(스크럽) → 메뉴얼테크닉 → 진정팩 → 보습제 → 자외선차단제		
	3주 : 포인트클렌징 → 클렌징(젤타입) → 딥클렌징(고마쥐) → 메뉴얼테크닉 → 청정팩 → 보습제 → 자외선차단제		
	4주 : 포인트클렌징 → 클렌징(젤타입) → 딥클렌징(아하) → 메뉴얼테크닉 → 수분팩 → 보습제 → 자외선차단제		
자가관리 (홈케어) 조언	아침 : 젤타입클렌징 → 화장수 → 오일프리보습제(수분크림) 또는 피지조절크림 → 자외선차단제 저녁 : 포인트클렌징 → 클렌징(젤타입) → 화장수 → 지성피부용 보습제(세럼, 아이크림, 수분크림, 넥크림) ※ 주 1회 스크럽, 고마쥐 등을 활용하여 딥클렌징 한다. 주 1회 청정팩(피지흡착)과 수분팩을 병행하여 적용한다.		
	기타 : 균형잡힌 식생활과 규칙적인 생활습관을 유지하며, 적당한 운동으로 건강을 유지한다.		

(4) 복합성피부 관리계획표(예시)

관리계획카드			
고객번호		일자	
고객명		담당자	
관리목적 및 기대효과	관리목적 : 생리기능(피지선과 한선)이 불균형한 복합성 피부이므로 유수분이 부족한 U Zone 및 목부위는 유수분을 공급하며, 피지분비가 과다한 T Zone 부위는 제거 및 조절에 목적을 둔다.		
	기대효과 : 유수분이 부족한 U Zone 및 목부위는 유분과 수분의 균형을 유지하여 촉촉한 피부로 피지가 과다한 T Zone 부위는 피지를 조절하여 맑고 깨끗한 피부를 기대한다.		
클렌징	오일 □ 크림 □ 밀크/로션 ■ 젤 ■		
딥클렌징	고마쥐(gommage) ■ 효소(enzyme) ■ AHA □ 스크럽 ■		
메뉴얼테크닉 제품타입	오일 □ 크림 ■		
손을 이용한 관리형태	일반 ■ 미용경락 □ 림프 □		
팩	T-존 : 건성타입 팩 □ 정상타입 팩 □ 지성타입 팩 ■		
	U-존 : 건성타입 팩 ■ 정상타입 팩 □ 지성타입 팩 □		
	목부위 : 건성타입 팩 □ 정상타입 팩 ■ 지성타입 팩 □		
마스크	석고 마스크 □ 고무모델링 마스크 ■ 기타특수 마스크 □		
고객관리계획	1주 : 포인트클렌징 → 클렌징(로션타입) → 딥클렌징(T Zone:스크럽, U Zone 및 목:효소) → 메뉴얼테크닉 → 팩 및 마스크(T Zone:청정팩, U Zone 및 목:보습팩) → 보습제 → 자외선차단제		
	2주 : 포인트클렌징 → 클렌징(로션타입) → 딥클렌징(T Zone:고마쥐, U Zone 및 목:효소) → 메뉴얼테크닉 → 팩 및 마스크(T Zone:청정팩, U Zone 및 목:모델링마스크) → 보습제 → 자외선차단제		
	3주 : 포인트클렌징 → 클렌징(로션타입) → 딥클렌징(T Zone:스크럽, U Zone 및 목:효소) → 메뉴얼테크닉 → 팩 및 마스크(T Zone:청정팩, U Zone 및 목:보습팩) → 보습제 → 자외선차단제		
	4주 : 포인트클렌징 → 클렌징(로션타입) → 딥클렌징(T Zone:고마쥐, U Zone 및 목:효소) → 메뉴얼테크닉 → 팩 및 마스크(T Zone:청정팩, U Zone 및 목:콜라겐벨벳마스크) → 보습제 → 자외선차단제		
자가관리(홈케어) 조언	아침 : 미온수세안 → 화장수 → 보습제 → 자외선차단제 저녁 : 포인트클렌징 → 클렌징(로션타입) → 화장수 → 보습제(세럼, 아이크림, 영양크림, 넥크림) ※ 주 1회 스크럽, 고마쥐, 효소 등을 활용하여 부위별로 병행하여 딥클렌징 한다. 주 1회 수분팩 또는 청정팩을 부위별로 병행하여 적용한다.		
	기타 : 균형잡힌 식생활과 규칙적인 생활습관을 유지하며, 적당한 운동으로 건강을 유지한다.		

4) 평가자체크리스트(예시)

능력단위 요소	수행 준거	성취도		
		상(5)	중(3)	하(1)
클렌징하기 (1201010202_16v2.1)	피부유형별 상태에 따라 클렌징 방법과 제품을 선택할 수 있다.			
	눈, 입술 순서로 포인트 메이크업을 클렌징할 수 있다.			
	피부유형에 맞는 제품과 테크닉으로 클렌징을 적용할 수 있다.			
	온습포 또는 경우에 따라 냉습포로 닦아내고 토닉으로 정리할 수 있다.			
피부상태 분석평가하기 (1201010202_16v2.2)	고객정보 결과에 따른 피부부위와 상태를 파악할 수 있다.			
	피부 문진, 견진, 촉진을 통해 피부의 탄력감이나 매끄러운 정도, 조직의 두께, 유분 함량, 수분보유량, 각질화 상태 등을 파악할 수 있다.			
	이마와 목에 스파츌라로 그어서 민감성 여부를 파악할 수 있다.			
	관련 피부미용기기를 사용하여 피부상태를 파악할 수 있다.			
	파악 결과에 따라 평가하고 유형별로 구분할 수 있다.			
피부관리계획 작성하기 (1201010202_16v2.3)	고객의 피부상태에 따라 유형별 피부관리계획을 작성할 수 있다.			
	피부관리계획에 따라 적합한 피부관리 제품을 결정할 수 있다.			
	고객의 상품선택을 위하여 피부관리 상품을 설명하고 추천할 수 있다.			

04 STEP 얼굴각질관리(1201010212_16v3)

1. 능력단위 정의

클렌징을 한 후 피부의 상태를 파악하고 평가하여 피부관리계획을 수립하는 능력이다.

1) 얼굴 딥클렌징

학습목표

- 피부 유형별 딥클렌징 제품을 선택할 수 있다.
- 선택된 딥클렌징 제품을 특성에 맞게 적용할 수 있다.
- 피부미용 기기 및 기구를 활용하여 딥클렌징을 적용할 수 있다.

(1) 딥클렌징의 기본 이해와 제품의 종류

① 딥클렌징

1차 클렌징에서 지워지지 않는 모공 속 먼지나 노폐물, 죽은 각질 등을 기기와 기구, 제품을 사용하여 닦아 내는 과정이다.

② 딥클렌징의 종류

- 화학적 방법 : 효소, AHA, 전기 세정
- 물리적 방법 : 스크럽, 고마쥐, 후리마돌(전동 브러시)

③ 딥클렌징 방법에 따른 주의 사항

- **효소(Enzyme)**

- 스팀이 너무 뜨거우면 안 된다.
- 적당한 온도를 맞춰 30 ~ 50cm 정도 거리를 두고 분사한다.
- 스팀의 방향이 냉 · 난방기의 바람에 흔들리지 않도록 주의한다.
- 온도, 습도, 시간을 조절한다.
- 눈의 보호를 위해 아이 패드를 한다.

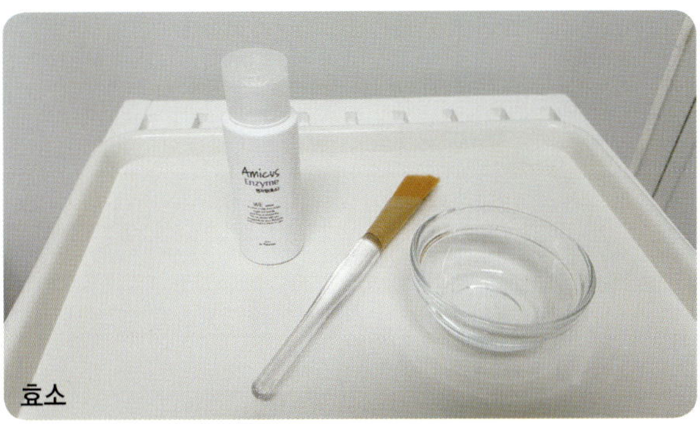

효소

- **아하(AHA)**

- 민감한 피부나 화농성인 부위와 눈 주변도 피한다.
- 면봉이나 붓으로 바른다.
- 정확한 시간을 준수한다.
- 피부 유형에 따라 적용 시간을 조절한다.
- 냉습포로 마무리한다.

AHA

- **스크럽(Scrub)**

– 너무 강하게 문지르면 자극을 받은 피부가 예민해질 수 있어 조심해야 한다.

– 피부에 잔여물이 남지 않도록 주의한다.

– 알갱이 등 잔여물이 눈이나 귀에 들어가지 않게 주의한다.

– 물로 러빙 시 물이 눈 · 코 · 귀에 들어가지 않게 주의한다.

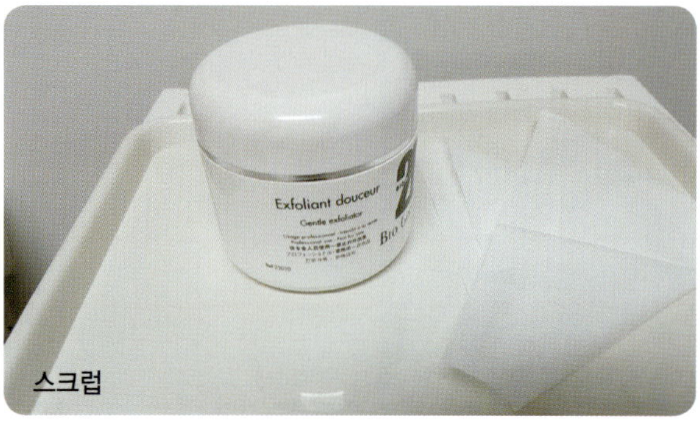

스크럽

- **고마쥐(Gommage)**

– 밀어내면서 찌꺼기가 눈이나 귀에 들어가지 않게 주의한다.

– 밀어내기 전 귀에 솜을 가볍게 끼워준다.

– 주변에 잔여물이 남지 않도록 위생적으로 처리한다.

– 밀어내기 전 어깨 아래와 목 뒤에 티슈를 깔아준다.

고마쥐

학습Tip

- 피부 유형에 맞는 제품을 선택해야 한다.
- 제품의 적용 방법이 적합해야 한다.
- 제품의 사용 방법이 정확해야 한다.
- 작업 효율성을 높여야 한다.
- 잔여물을 청결하게 닦아내야 한다.
- 습포를 피부 유형에 맞게 사용해야 한다.
- 다음 단계를 위하여 토닉으로 정리한다.

(2) 얼굴 딥클렌징하기

① 재료 및 기기와 자료

- 딥클렌징 제(효소, 스크럽, 아하, 고마쥐 타입)
- 기기(전기세정, 전동브러쉬)

– 왜건, 기기 · 기구, 볼 (유리 · 고무), 붓, 스파출라, 거즈
아이패드, 해면, 터번, 냉 · 습포, 토닉

② 안전 · 유의사항

– 고객을 위한 위생을 점검한다.

– 가슴이 노출되지 않도록 주의한다.

– 액세서리는 착용하지 않는다.

– 대타월로 고객을 덮어준다.

– 터번으로 머리카락을 감싼다.

③ 수행 순서

▪ **효소**

효소(Enzyme)를 이용한 딥클렌징을 한다.

적당량의 물과 효소 분말을 섞어 붓을 이용하여 피부에 바른 후 스팀을 쏘이거나 따뜻한 온습포를 올린 뒤 적당한 시간이 지나면 닦아 낸다. (피부 유형에 따라 시간을 조절할 수 있다.)

- 손을 소독한다.
- 터번으로 머리카락을 감싼다.
- 파우더와 물을 적당량 섞어 충분히 개어준다.
- 일정한 두께로 붓을 이용해 펴 바른다.
- 아이 패드를 한다.
- 스팀을 분사하거나 따뜻한 온습포를 올려놓는다.
- 적당한 시간이 지난 후 온습포로 닦아 낸다. (피부 유형에 따라 시간을 조절할 수 있다.)
- 토닉으로 마무리한다.

⊙ 효소 준비물 : 효소 파우더, 물, 붓, 화장 솜

⊙ 잘 개어진 효소를 붓으로 골고루 펴 바른다.

⊙ 효소를 바른 후 온도와 습도를 조절 하기 위해 스티머를 쐬어 준다.
얼굴에서 약 30cm 이상의 거리를 두고 이마나 턱 부위에 증기가 분사되도록 한다.

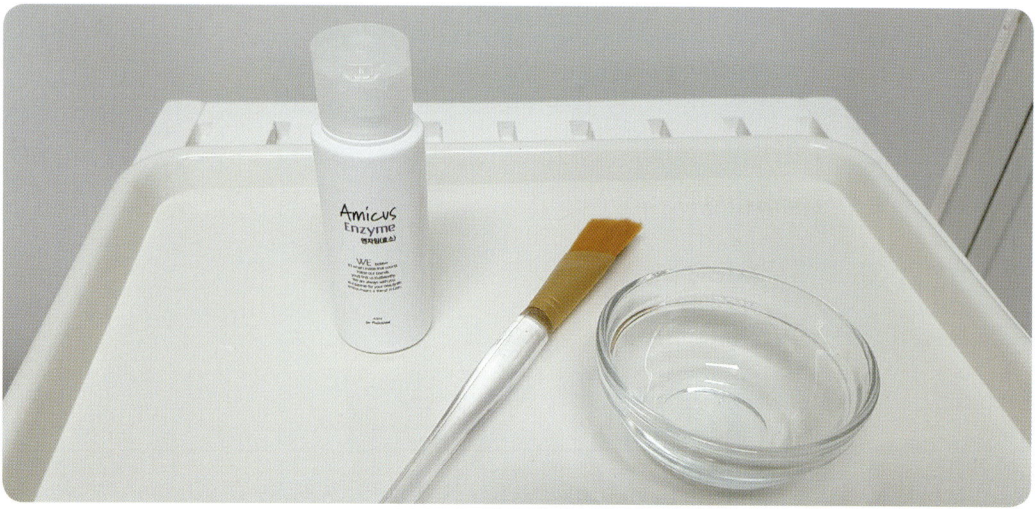

■ 아하(AHA)

아하(AHA)를 이용한 딥클렌징을 한다.

10% 이하의 농도로 피부에 고르게 바른 뒤 5~10분후 냉습포로 닦아낸다.

(피부 유형에 따라 시간을 조절할 수 있다.)

– 손을 소독한다.

– 터번으로 머리카락을 감싼다.

– 아이 패드를 한다.

– 얼굴에 적당량의 아하를 붓이나 면봉으로 펴 바른다.

– 5~10분 정도 자연 방치한다. (피부 유형에 따라 시간을 조절을 할 수 있다.)

– 냉습포로 닦아낸다.

– 토닉으로 마무리한다.

⊙ 아하(AHA) 준비물 : AHA 10% 이하, 붓이나 면봉, 화장 솜

⊙ 반드시 아이 패드를 먼저 하고 붓이나 면봉을 이용하여 AHA를 골고루 펴바른다.

⊙ 차가운 냉습포로 마무리한다.

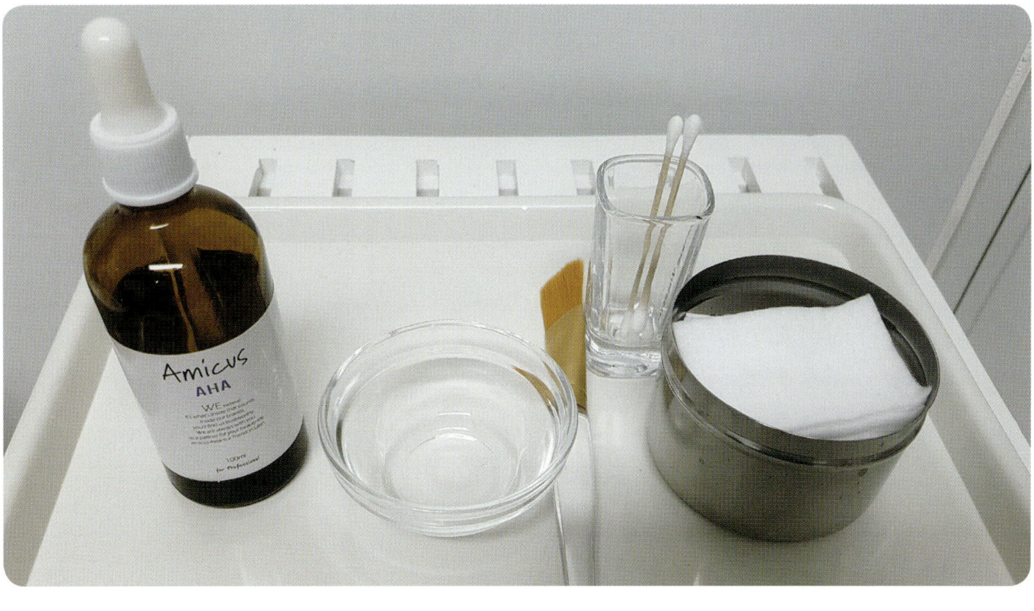

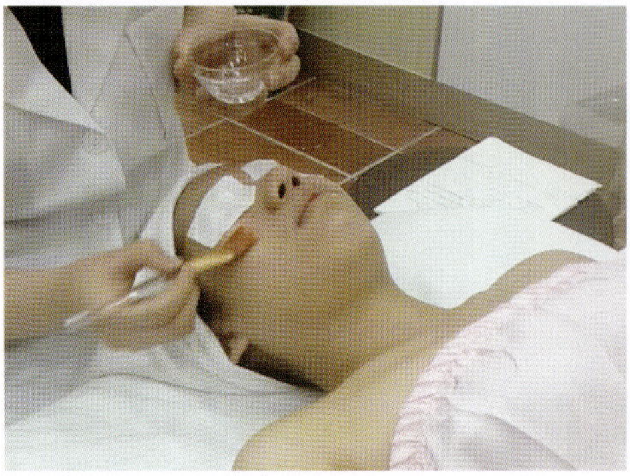

아이 패드를 먼저 하고 붓이나 면봉을 이용하여 AHA를 골고루 펴바른다.

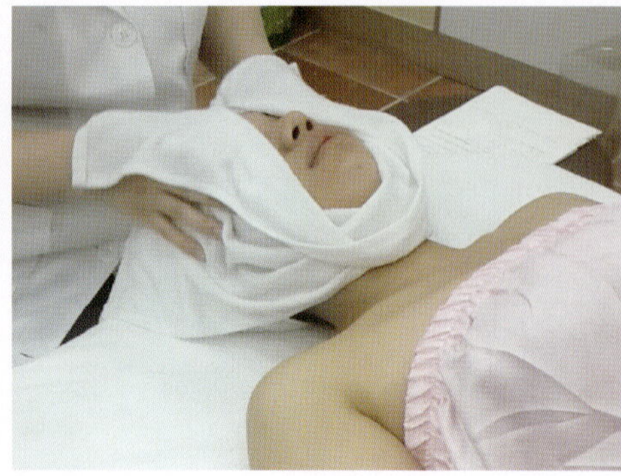

차가운 냉습포로 마무리한다.

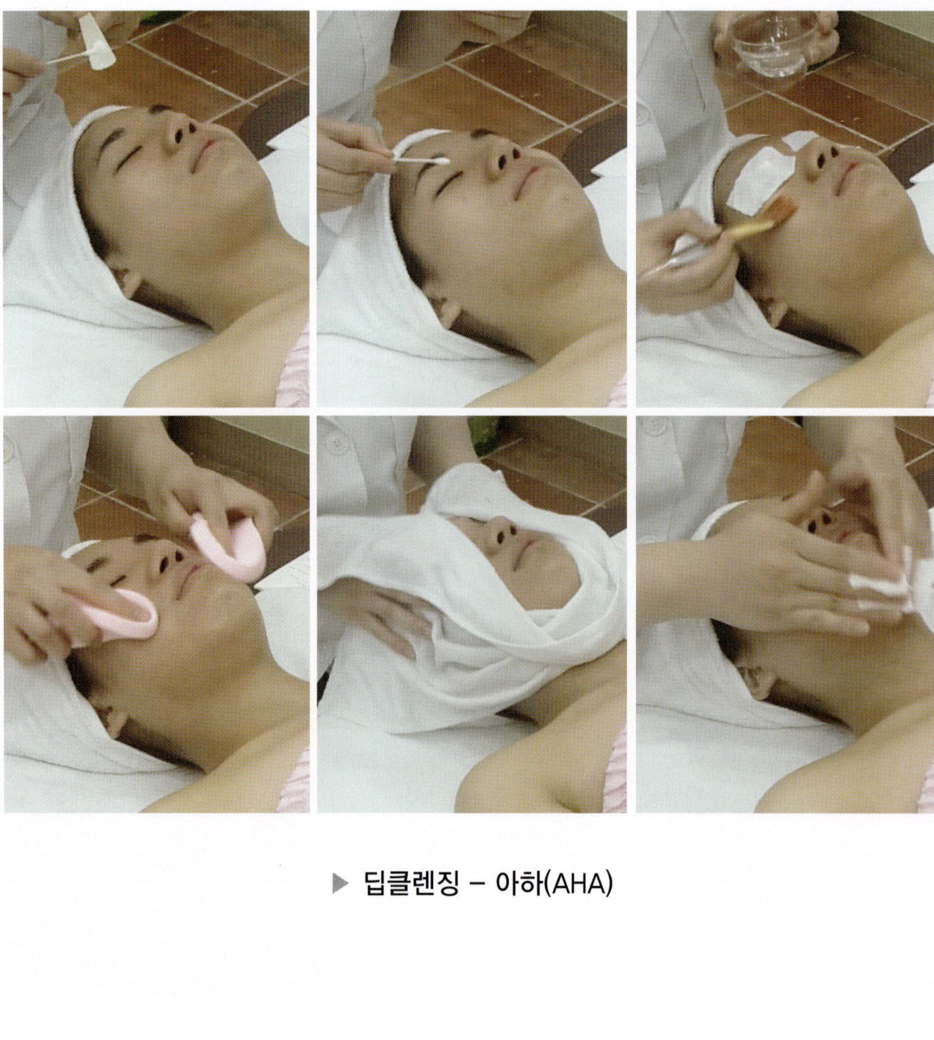

▶ 딥클렌징 – 아하(AHA)

■ **스크럽**

스크럽(Scrub)를 이용한 딥클렌징을 한다.

알갱이가 들어 있는 제형으로 얼굴에 바른 후 스팀을 쏘이거나 물을 적시면서 가볍게 문지른다.

- 손을 소독한다.
- 터번으로 머리카락을 감싼다.
- 알갱이가 있는 스크럽을 볼에 덜어 얼굴에 골고루 바른다.
- 물을 적시면서 가볍게 문지른다.
- 온습포로 닦아낸다.
- 토닉으로 마무리한다.

⊙ 스크럽 준비물 : 스크럽 제품, 스파출라, 물, 화장솜
⊙ 스크럽 제품을 얼굴에 골고루 도포한다.
⊙ 손끝에 물을 묻혀 가볍게 문지른다.

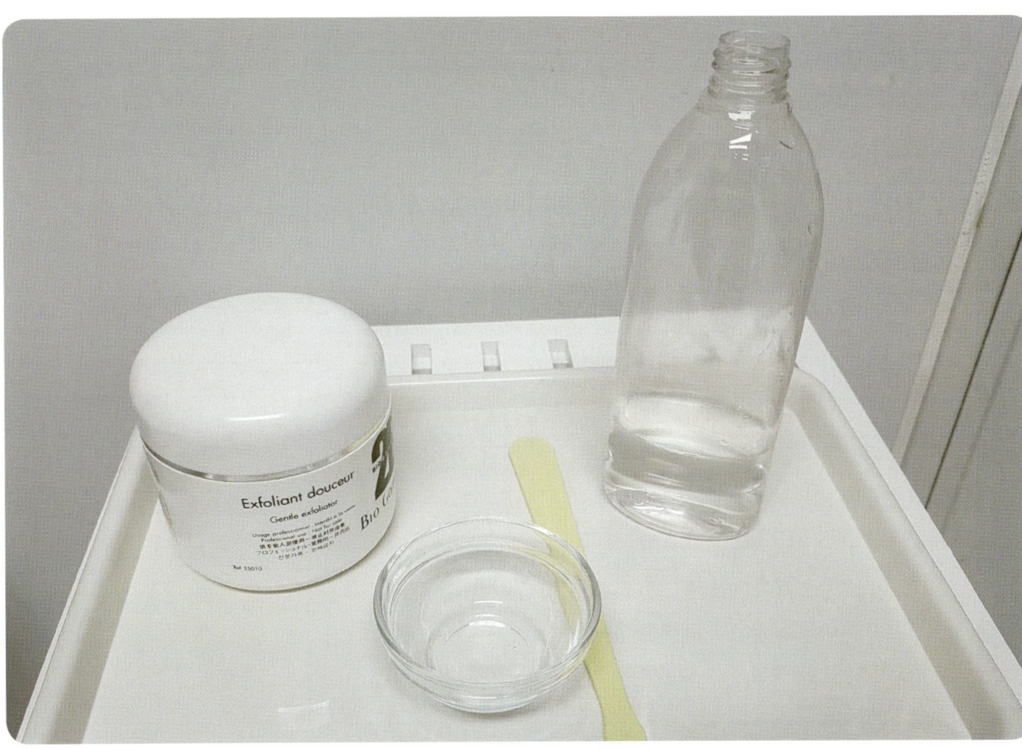

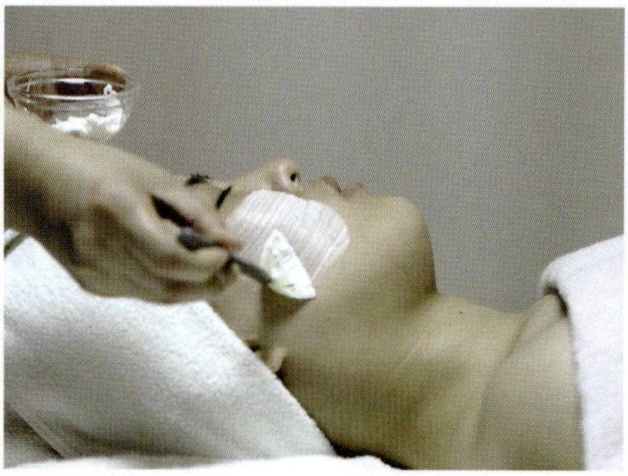

스크럽 제품을 얼굴에 골고루 도포한다.

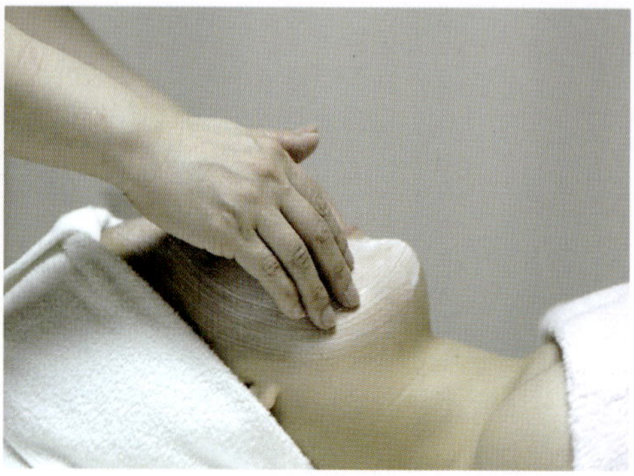

손끝에 물을 묻혀 가볍게 문지른다.

▪ **고마쥐**

고마쥐(Gommage)를 이용한 딥클렌징을 한다.

단백질 성분으로서 얼굴에 바르면 흡착되어 굳는다. 적당량을 피부에 바른 뒤 굳기 시작하면 텐션을 주면서 근육 결을 따라 가볍게 밀어낸다.

- 손을 소독한다.
- 터번으로 머리카락을 감싼다.
- 제품을 볼에 덜어 붓으로 얼굴에 고르게 바른다.
- 제형이 약간 굳으면 텐션을 주어 근육 결에 따라 밀어내듯 문지른다. (떨어지는 찌꺼기가 귀나 눈으로 들어가지 않게 터번으로 귀를 가리고 목 뒷부분에 티슈를 깔아 준다.)
- 잔여물은 물을 묻혀 가볍게 문지른다.
- 온습포로 닦아낸다.
- 토닉으로 마무리한다.

⊙ 고마쥐 준비물 : 고마쥐 제품, 붓, 물, 티슈
⊙ 얼굴에 고마쥐 제품을 골고루 펴 바른다.
⊙ 약간 굳으면 텐션을 주고 근육 결을 따라 밀어내듯 문지른다.

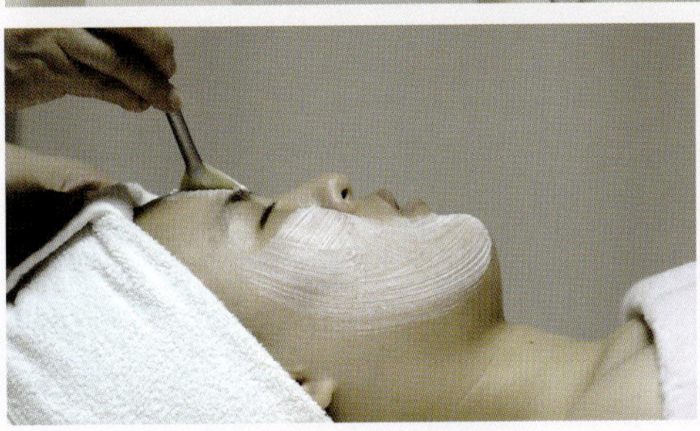

얼굴에 고마쥐 제품을 골고루 펴 바른다.

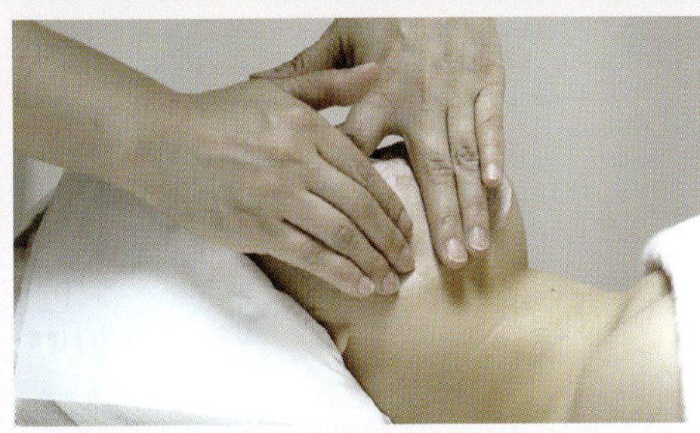

약간 굳으면 텐션을 주고 근육 결을 따라 밀어내듯 문지른다.

- **후리마돌(전동 브러시)**

후리마돌(전동 브러시, Frimator)를 이용한 딥클렌징을 한다.

피부에 자극이 없는 부드러운 천연 털로 만들어진 브러시를 회전시키면서 피부의 먼지나 더러움을 제거한다. 브러시와 얼굴의 각도는 직각을 유지하여야 한다.

– 손을 소독한다.

– 터번으로 머리카락을 감싼다.

– 클렌징 제품을 얼굴에 펴 바른다.

– 브러시 크기를 선택한다.

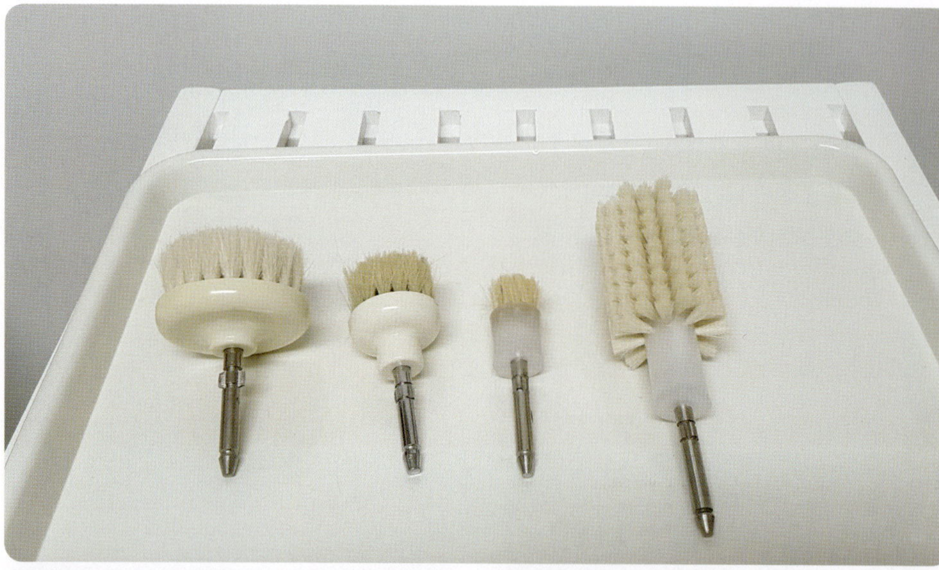

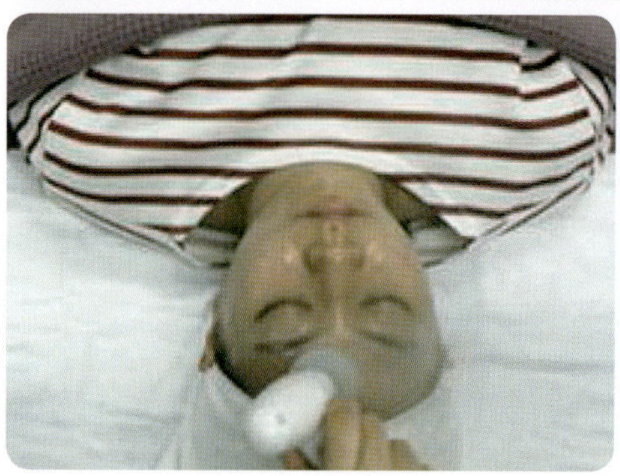

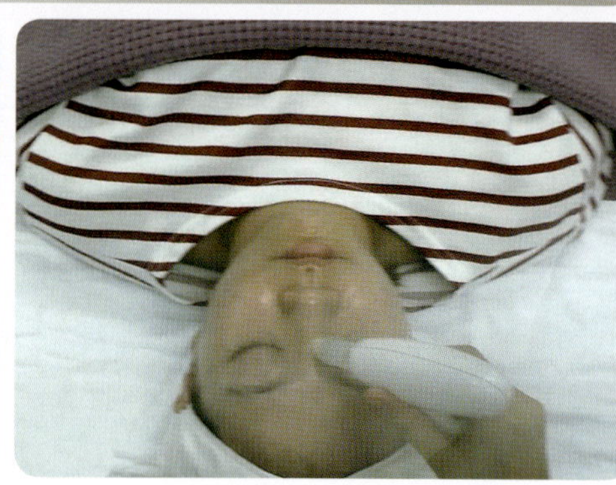

- 선택된 브러시로 본인의 손등에 회전 속도를 테스트한다.
- 얼굴 근육 결에 따라 브러시를 회전시킨다.
- 콧방울, 입 주변, 눈 주위와 눈썹은 작은 브러시를 사용한다.
- 시간은 3 ~ 5분 정도 소요한다. (피부 유형에 따라 시간은 조절할 수 있다.)
- 얼굴과 브러시와 각도는 직각을 유지한다.
- 온습포로 닦아낸다.
- 토닉으로 마무리한다.

- **전기세정(Disincrustation)**

전기세정(Disincrustation)를 이용한 딥클렌징을 한다.

갈바닉 전류 중 음극으로 알칼리 반응을 일으켜 모공 속 노폐물과 피지를 연화시킨다.

- 손을 소독한다.
- 터번으로 머리카락을 감싼다.
- 패드를 적당히 물에 적셔 팔의 바깥쪽이나 어깨 아래에 전극봉과 연결하여 고정시키거나 전극봉을 고객의 손에 쥐게 한다.
- 극(+, −)을 맞춘다.
- 앰플을 얼굴에 바른다.

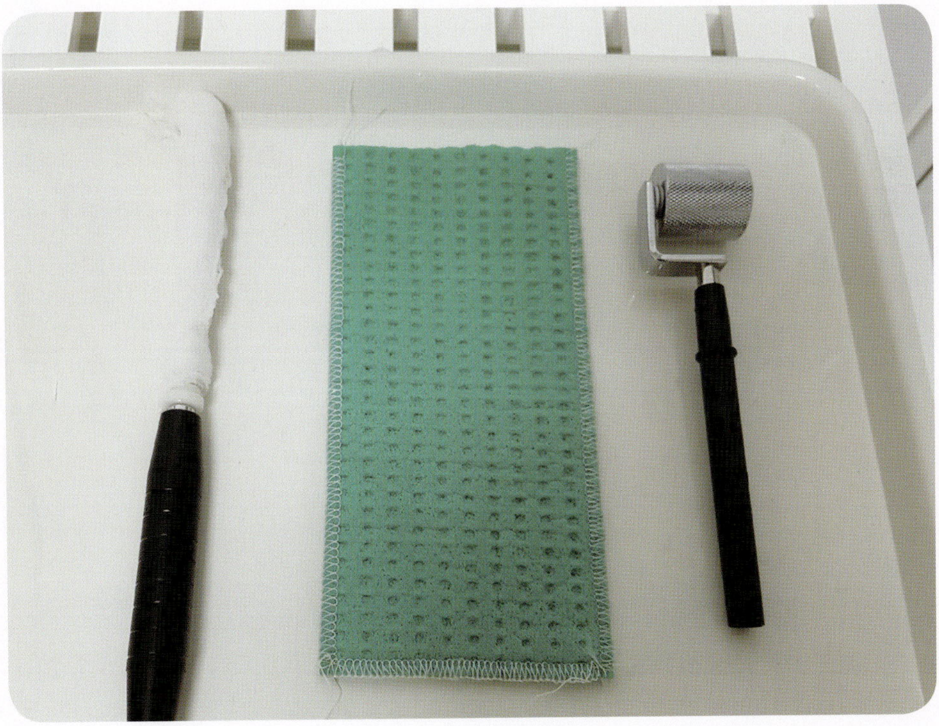

- 세정봉에 젖은 솜을 감아 준다.
- 솜을 감은 세정봉을 얼굴에 가볍게 대고 스위치를 '0'에서부터 시작하여 천천히 세기를 올리면서 고객의 반응을 살핀다.
- 근육 결에 따라 밀착하여 문질러서 각질을 연화시킨다.

  (이때, 세정봉은 시작부터 끝날 때 까지 얼굴에서 떨어지면 안 된다.)
- 관리가 끝나면 세정봉을 얼굴에 대고 있는 상태에서 스위치를 끈다.
- 온습포로 닦아낸다.
- 토닉으로 마무리한다.

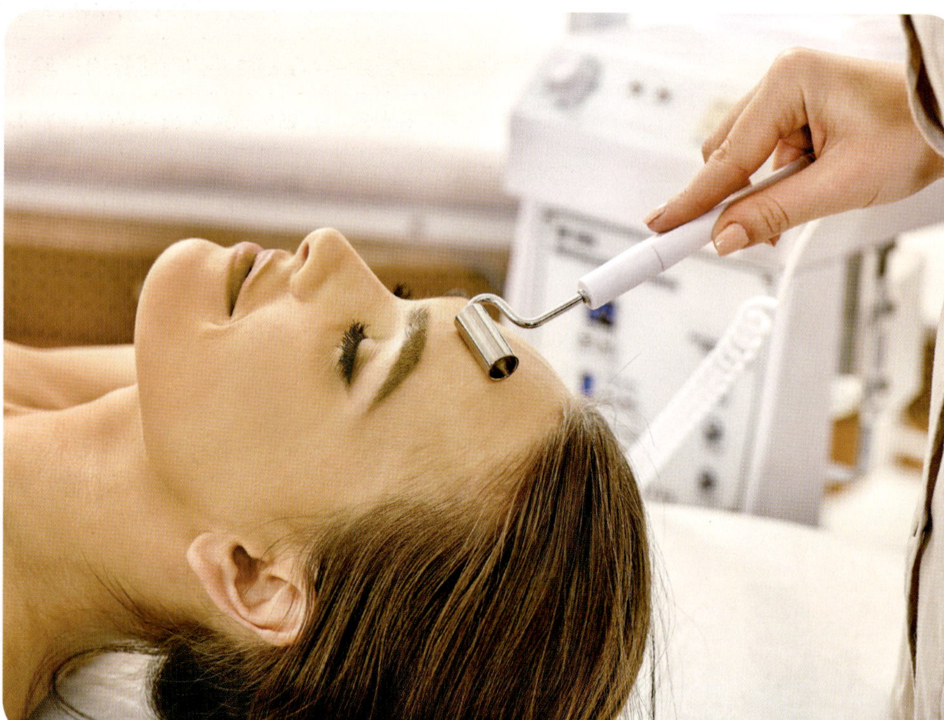

2) 평가자체크리스트(예시)

능력단위 요소	수행 준거	성취도		
		상(5)	중(3)	하(1)
얼굴 딥클렌징하기 (1201010212_16v3.3)	피부 유형별 딥클렌징 제품을 선택할 수 있다.			
	선택된 딥클렌징 제품을 특성에 맞게 적용할 수 있다.			
	피부미용 기기 및 기구를 활용하여 딥클렌징을 적용할 수 있다.			

05 STEP 얼굴메뉴얼테크닉(1201010213_16v3)

1. 능력단위 정의

얼굴 부위에 5가지 동작을 적절하게 활용하여 테크닉을 구사하고 영양물질을 도포하여 혈액을 순환시키고 유분과 수분의 유지를 돕는 능력이다.

2. 능력단위 요소 및 수행준거

능력단위	능력단위요소	수행준거
얼굴메뉴테크닉 (1201010213_16v3)	얼굴메뉴테크닉하기 (1201010213_16v3.1)	1. 얼굴의 피부유형과 부위에 맞는 메뉴얼테크닉을 하기 위한 제품을 선택할 수 있다.
		2. 선택된 제품을 피부에 도포할 수 있다.
		3. 5가지 기본 동작을 이용하여 메뉴얼테크닉을 적용 할 수 있다.
		4. 얼굴의 피부상태와 부위에 적정한 리듬, 강약, 속도, 시간, 밀착 등을 조절하여 메뉴얼테크닉을 적용할 수 있다.

1) 메뉴얼 테크닉

학습목표

- 얼굴의 피부 유형과 부위에 맞는 메뉴얼테크닉을 하기 위한 제품을 선택할 수 있다.
- 선택된 제품을 피부에 도포할 수 있다.

(1) 메뉴얼테크닉

손을 이용하여 리듬, 강 · 약, 속도, 시간, 밀착 등의 5가지 기본 동작을 조절하여 적용하는 테크닉을 말한다. 메뉴얼테크닉은 신진대사와 혈행을 촉진함으로써 피부의 기능을 향상시키고 피로를 풀어 주는 피부관리의 중심 과제이다. 마사지는 그리스어의 문지르다, 반죽하다, 쓰다듬다에서 유래된 말로 메뉴얼테크닉을 의미한다.

(2) 메뉴얼테크닉의 필요성

메뉴얼테크닉은 신진대사를 촉진하고 피부의 기능을 회복시켜 긴장감 있고 안정감 있는 피부 상태를 만들어 주어, 생활 환경과 스트레스에 지친 피부를 회복시키는 행위이고 또한 피부를 아름답고 건강하게 유지시킨다.

(3) 메뉴얼테크닉 5가지 동작과 방법

① 쓸어서 펴 바르기(쓰다듬기, Effleurage)

모지와 네 손가락 및 손바닥을 주로 이용하여 피부 표면을 쓰다듬는 동작으로 메뉴얼테크닉의 처음과 마무리 단계에 쓰인다.

② 밀착하여 펴 바르기(문지르기, Friction)

손가락의 첫 마디 부분을 이용하여 나선형 및 지그재그로 문지르는 동작으로 주로 중지(3번째 손가락), 약지(4번째 손가락)를 많이 쓴다.

③ 어루만져 펴 바르기(반죽하기, Petrissage)

근육을 쥐고 손가락 전체를 이용하여 반죽하듯이 주물러 부드럽게 하는 방법이다.

④ 토닥토닥 펴 바르기(두드리기, Tapotement)

한손, 또는 양손의 소지구와 손가락 끝마디들을 이용하여 얼굴의 각 부위를 리드미컬하게 두드리는 방법으로 주로 마사지의 마지막 단계에 사용한다.

⑤ 떨며 펴 바르기(흔들어주기, Vibration)

손바닥 및 다섯 손가락을 사용하여 가볍게 흔들어 주는 방법으로 마사지 시술의 마지막 단계에 주로 실시 한다.

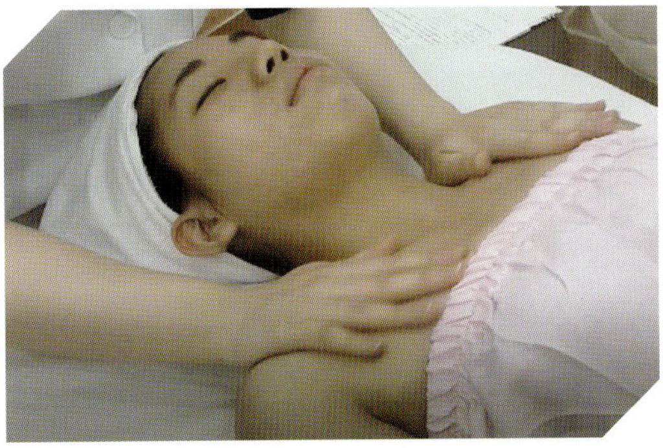

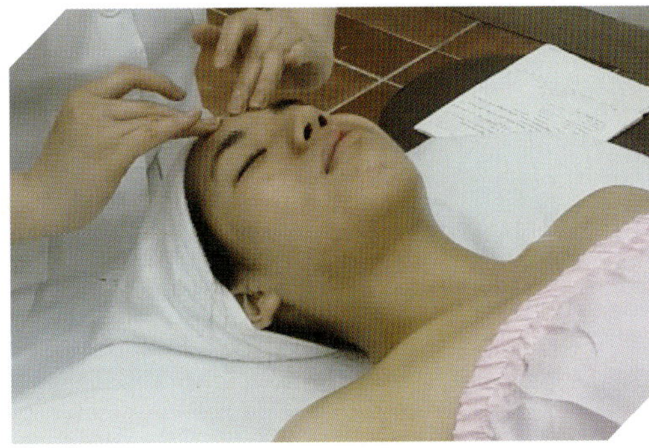

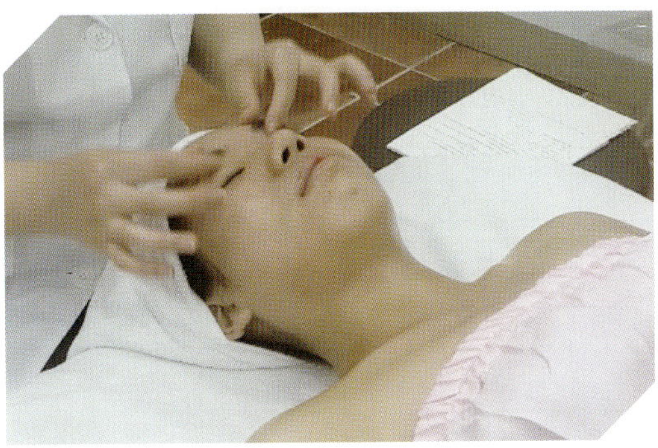

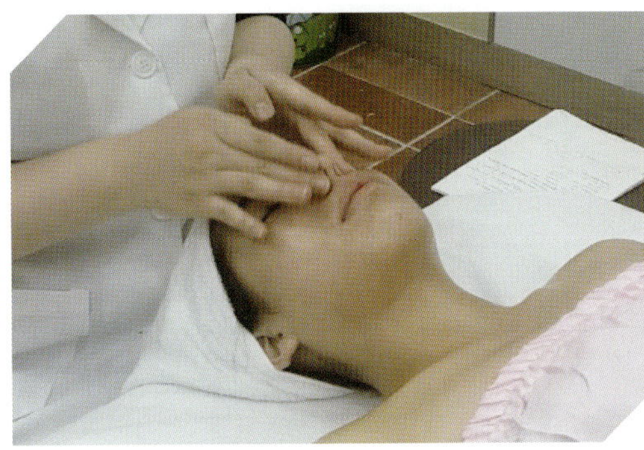

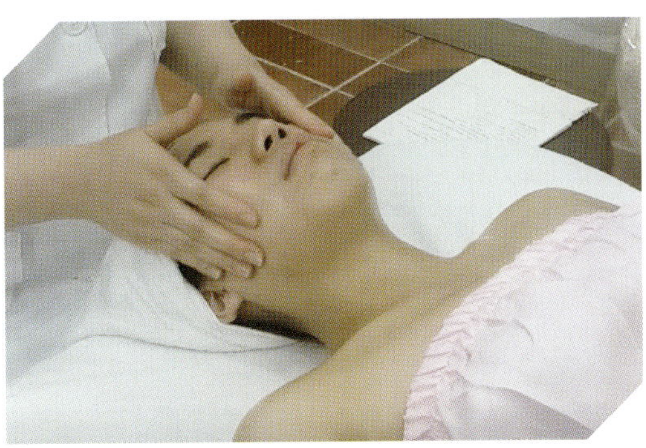

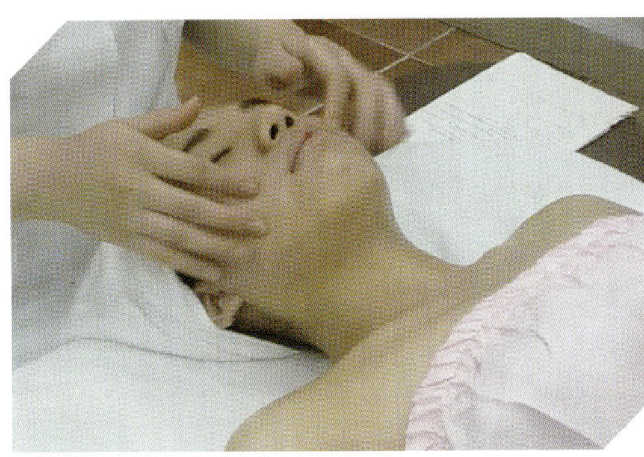

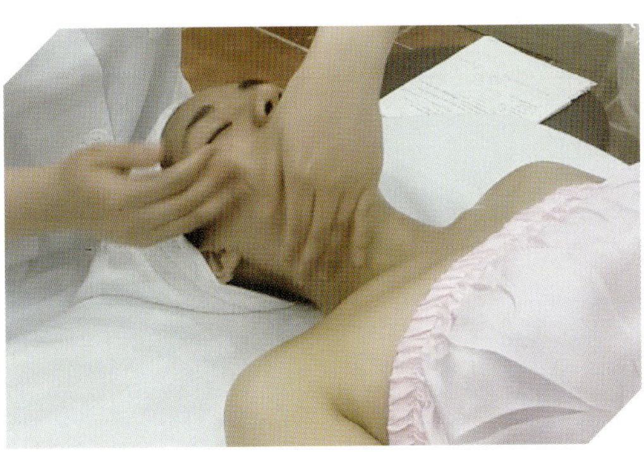

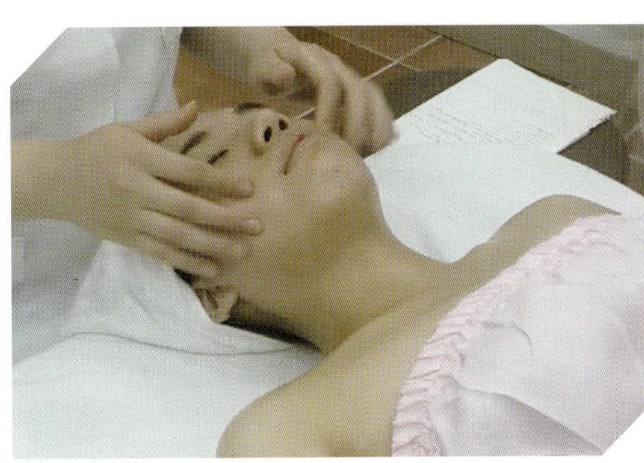

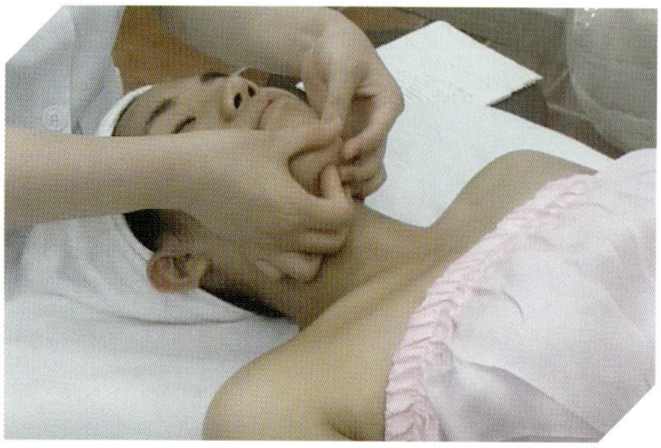
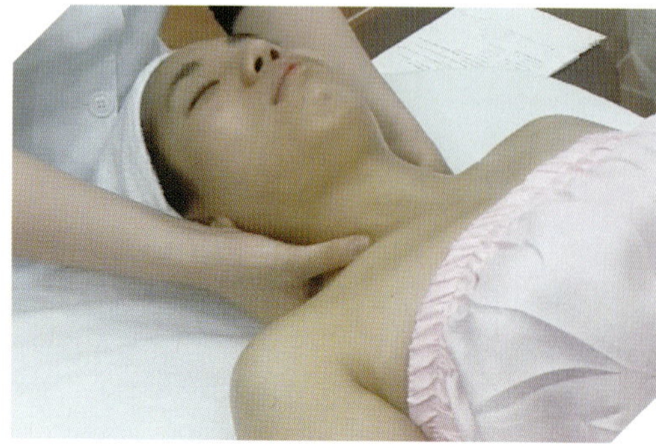
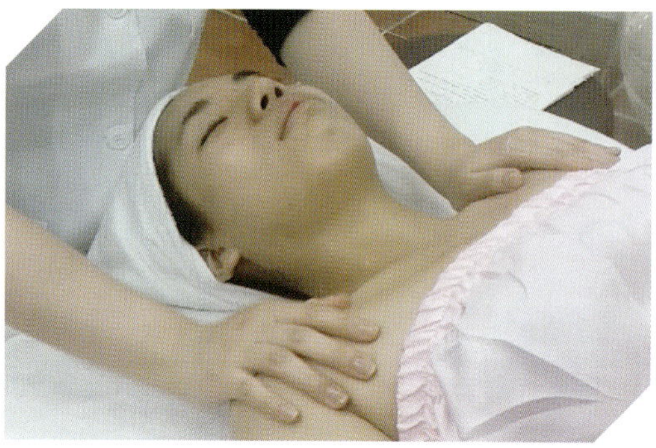
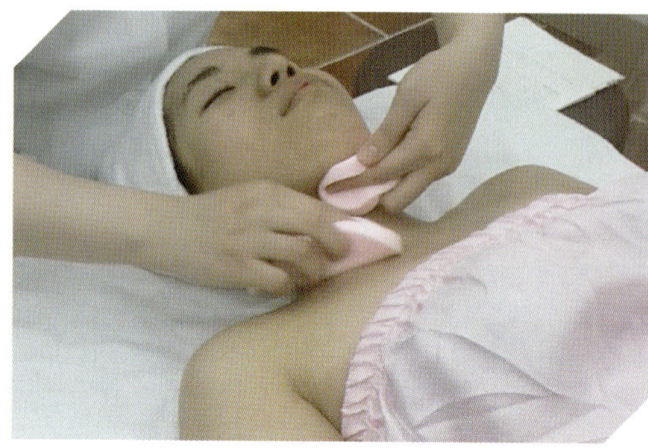
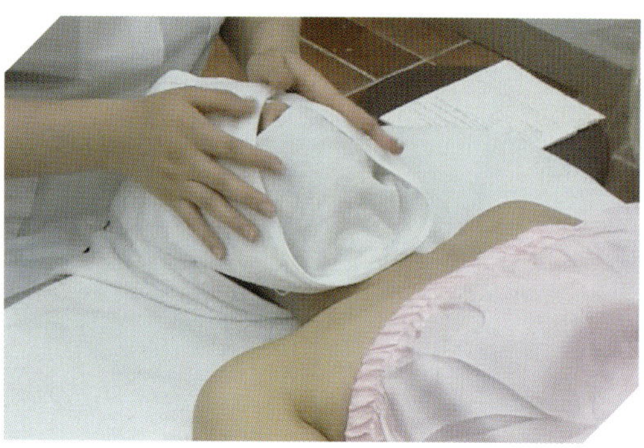
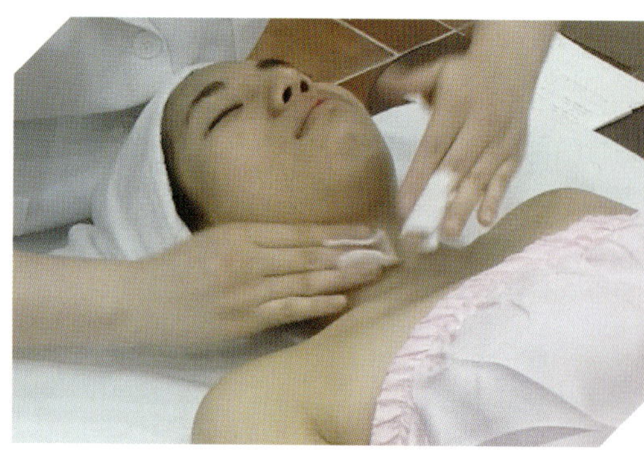

(4) 메뉴얼테크닉의 효과

① 쓸어서 펴 바르기 (쓰다듬기, 경찰법, Effleurage)

피부 표면의 모세 혈관을 확장시켜 혈액을 많이 흐르게 하며 신경을 알맞게 자극한다. 피부 진정 및 림프 배액을 촉진하고 노화된 각질을 제거하는 세정 효과와 켈로이드 생성을 억제하는 효과가 있다.

② 밀착하여 펴 바르기 (문지르기, Friction)

쓰다듬기보다 조금 더 깊은 조직에 효과가 있으며 주름이 생기기 쉬운 부위에 주로 많이 쓰인다. 영양공급과 물질대사의 흡수 작용에 효과적이다. 조직의 혈액을 촉진하고 결체 조직을 강화시켜 탄력을 주고 모공의 피지를 배출하는 효과가 있다.

③ 어루만져 펴 바르기 (반죽하기, Petrissage)

근섬유에서의 분해물질 제거와 체지방 감소에 효과적이다. 근육의 혈행을 촉진하고 노폐물을 제거하며 근육 피로와 통증을 완화하는 효과가 있다.

④ 토닥토닥 펴 바르기 (두드리기, Tapotement)

영양을 고루 흡수시키기 위해서 가볍게 두드린다. 마지막 단계에서는 체내에 남아 있는 여분의 피로 물질 및 노폐물을 완전히 제거하여 앞서 실시한 마사지의 효과를 증대시켜 준다. 또한 근육 전체의 긴장 촉진을 불러 일으켜 상쾌한 기분이 생기도록 해 준다. 근육 위축과 지방의 과잉 축적을 방지하고 신진대사를 촉진시켜 신경 조직 기능을 활성화시키는 효과가 있다.

⑤ 떨며 펴 바르기 (흔들어주기, Vibration)

체내에 남아 있는 여분의 피로 물질 및 노폐물을 완전히 제거하여 앞서 실시한 마사지의 효과를 증대시켜 준다. 근육을 이완시키고 결체 조직 탄력을 증진시켜 림프와 혈액 순환을 촉진하는 효과가 있다.

(5) 메뉴얼테크닉 적용 시 피부 유형별 제품 선택

메뉴얼테크닉 적용 시 피부 유형에 따라 오일, 크림, 로션, 젤 등을 선택해 사용한다.

① 오일 : 건성 피부, 노화 피부

② 크림 : 정상 피부, 건성 피부, 노화 피부

③ 로션 : 예민 피부, 민감 피부

④ 젤 : 지성 피부

(6) 안면의 근육과 기능

안면의 근육은 얼굴의 형태를 결정하고 표정을 만드는 기능을 하며, 골격근에 비해 매우 얇다. 안륜근이나 구륜근 처럼 피부에 직접 연결된 곳도 있다. 이러한 얼굴근육의 방향 · 형태 · 기능을 이해하며 메뉴얼테크닉을 시행하면 안면미용에 시너지 효과를 높일 수 있다.

① 얼굴의 근육

▪ 전두근

눈썹을 치켜올리고 두피를 앞으로 잡아당겨 찡그리는 표정연출에 관여하며 이마 가로주름을 만든다.

▪ 측두근

머리의 옆 부분으로 입을 벌리고 다무는데 교근과 협동 작용을 한다.

▪ 안륜근

안검부는 윙크하듯이 눈을 살짝 감게 하고, 안와부는 눈을 꼭 감게 한다.

▪ 추미근

눈썹을 아래와 안쪽으로 잡아당긴다.

▪ 비근

코의 상단을 덮고 있으며 눈썹을 내려오게 하고 콧대를 가로지르는 주름살을 만든다.

▪ 상순거근

세 부분으로 구성되어 있으며 입술의 윗부분으로 감싸 주고 여닫는 역할을 한다.

▪ 대관골근

구각을 위쪽으로 당겨서 웃는 표정을 만든다.

■ **소관골근**

구각에 부착된 근육으로 입술을 바깥쪽과 위로 당기는 역할을 한다.

■ **구륜근(입둘레근)**

입을 다물게 하고 입술을 오므리게 한다.

■ **협근**

입안의 공기를 담을 수 있게 해 주어 풍선을 힘껏 불 때도 이용된다. '볼근' 이라고도 한다.

■ **구각하제근**

입술 아랫부분을 둘러싸고 있으며 입꼬리를 아래로 끌어내려 주게 한다.

■ **하순하제근**

아랫입술을 밑으로 당겨 입을 삐쭉 내밀게 한다.

■ **이근**

턱 끝에 위치하며 턱 끝의 주름을 만든다.

■ **교근**

어금니를 깨물 때 느끼는 가장 강한 근육으로 아래턱을 위로 당긴다.

학습Tip

저작근은 음식을 씹는 근육을 말하며, 측두근과 교근, 외측익돌근, 내측익돌근이 합동하여 저작한다.

얼굴근육과 터치방향

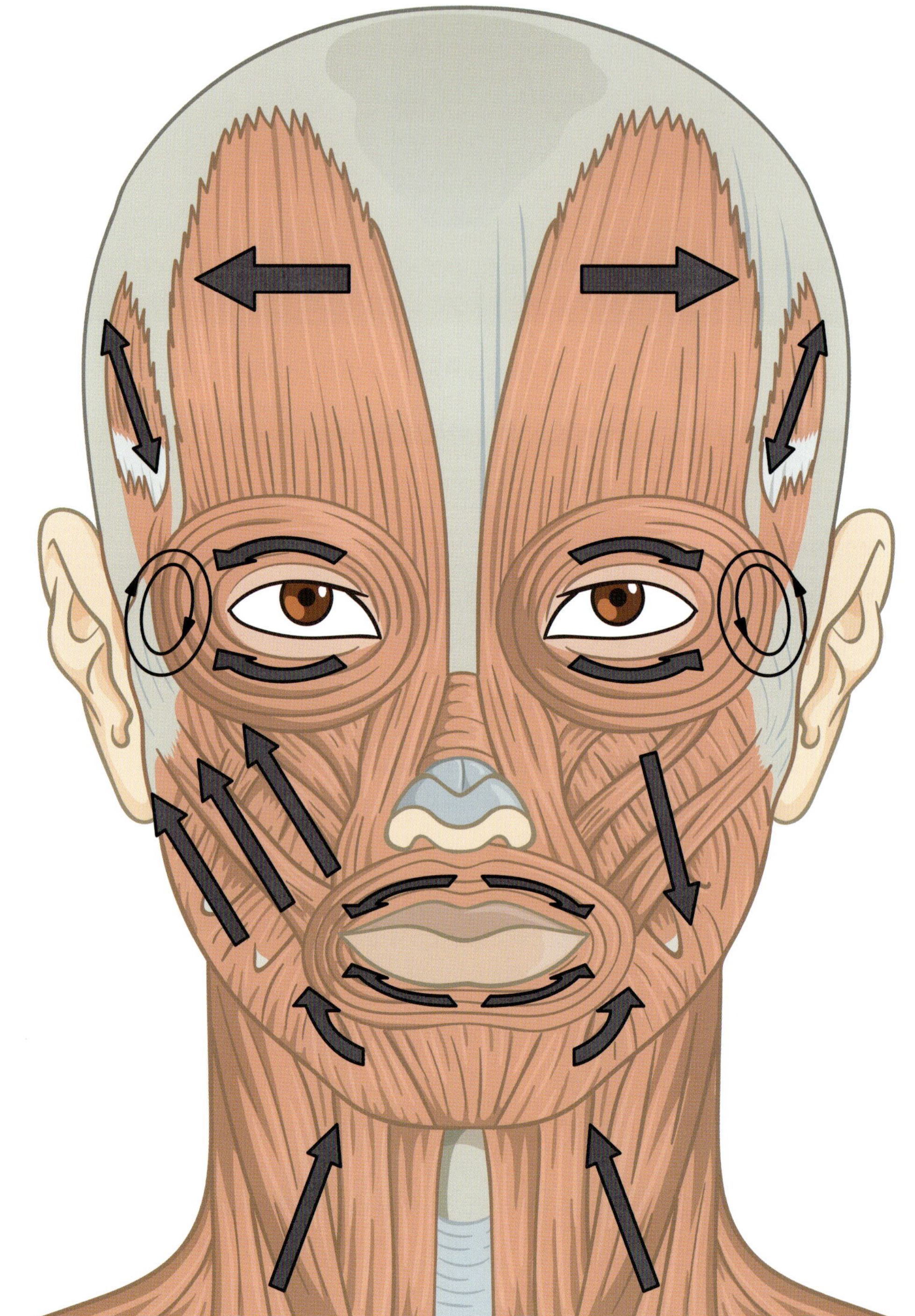

② 목의 근육

▪ 광경근

목의 피부밑에 넓게 퍼져있는 얇은 근육으로 목 주름에 관여한다.

▪ 흉쇄유돌근

머리를 한쪽으로 기울이고, 같은 쪽의 귀가 어깨에 닿게 하고, 오른쪽과 왼쪽이 함께 작용하여 목을 앞쪽을 굽히는 역할을 하며, 턱을 앞으로 당기는 작용도 한다.

▪ 사각근

사각근은 경추 보호 근육으로 경추를 굴곡시키며, 호흡을 보조한다. 승모근, 흉쇄유돌근, 견갑거근 등의 작용을 돕는다.

2) 메뉴얼 테크닉하기

학습목표

- 5가지 기본 동작을 이용하여 메뉴얼 테크닉을 적용할 수 있다.
- 얼굴의 피부 상태와 부위에 적절한 리듬, 강약, 속도, 시간, 밀착 등을 조절하여 메뉴얼 테크닉을 적용할 수 있다.

(1) 메뉴얼테크닉 전 준비 사항

- 주변 환경을 깨끗하고 안락하게 만든다.
- 고객이 심리적 안정감을 취할 수 있게 조용한 음악을 튼다.
- 피부미용사의 손은 항상 부드럽고 따뜻하게 한다.
- 고객의 피부에 이상이 있는지를 확인한다.
- 고객의 눈에 부담이 가지 않도록 은은한 조명을 활용한다.
- 제품은 피부 유형에 맞게 사용한다.
- 제품 사용 시 스파출라를 사용해 덜어낸다.
- 손톱은 짧게 자르고 모든 액세서리를 착용하지 않으며 손톱에 에나멜을 바르지 않는다.
- 입 냄새, 큰 호흡(콧김)이 고객의 얼굴에 정면으로 닿는 것을 방지하기 위하여 꼭 마스크를 착용한다.

(2) 메뉴얼테크닉 시 안전 · 유의사항

- 메뉴얼테크닉을 할 때 크림이나 오일 등 화장품이 눈, 코, 입에 들어가지 않도록 주의한다.
- 메뉴얼테크닉이 잘 되도록 적절한 양의 화장품을 사용한다.
- 관리사는 올바른 자세를 유지하도록 한다.
- 관리사의 손은 고객의 피부와 항상 부드럽게 밀착되어야 하며 흐름이 끊기지 않게 연결한다.
- 메뉴얼테크닉 할 때 고객과의 대화는 가급적 피한다.
- 일광욕으로 심하게 붉어진 피부, 상처가 있는 피부, 모세 혈관이 확장된 피부, 심한 화농성, 여드름피부 등 트러블이 일어나기 쉬운 피부는 메뉴얼테크닉을 가볍고 짧게 하거나 삼가한다.

(3) 메뉴얼테크닉 순서

- 손을 소독한다.
- 터번으로 머리카락을 감싼다.
- 볼에 스파츌라를 이용하여 화장품을 덜어낸다.
  (화장품에는 크림, 오일, 로션, 젤 타입 등이 있다.)
- 관리사의 손에 사용할 제품을 덜어 체온으로 따듯하게 하여 차가운 느낌을 없앤 후 고객의 피부에 도포한다.

- 얼굴에 시작하는 도포 동작은 5가지 기법 중에서 쓸어서 펴 바르기 메뉴얼테크닉으로한다.
- 피부 부위에 맞게 5가지 동작을 적절히 안배하여 테크닉한다.
- 끝내는 동작으로 다시 한 번 쓸어서 펴 바르기 동작으로 마무리한다.
- 다음 단계로 티슈로 가볍게 닦아낸다.
- 온습포를 이용하여 닦아낸다.
- 토닉으로 정리한다.
- 다음 단계를 위하여 주변 정리를 깨끗이 한다.

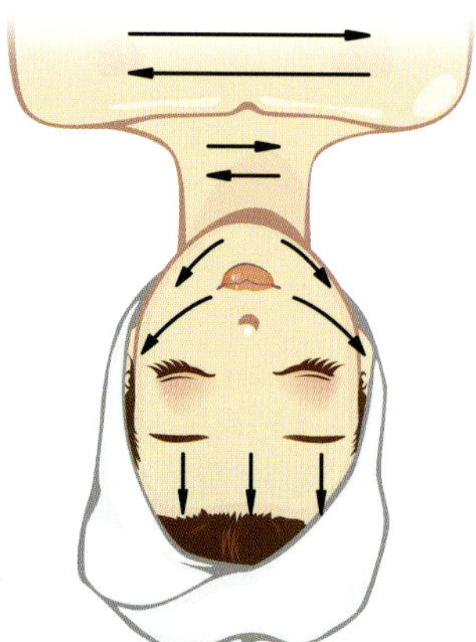

스파츌라를 이용하여 크림을 손바닥에 덜어 낸 후 양손바닥을 이용해 크림을 따뜻하게 문질러 녹이고, 쓰다듬기 동작으로 가슴, 목, 턱, 볼, 코, 이마 순으로 몸의 가운데에서 바깥방향을 향하여(화살표 방향으로) 고르게 펴바른다.

양손바닥을 모두 밀착한 후 한손씩 번갈아가며 흉골(가슴가운데 뼈)에서 겨드랑이를 향하여 쓰다듬기한다.

양손바닥을 모두 밀착한 후 한손씩 번갈아가며 쇄골에서 턱을 향하여 크고 부드럽게 크림을 흡수시키며 쓰다듬기 한 후 양손을 한쪽 귀 앞에 머문다 (다음동작 준비).

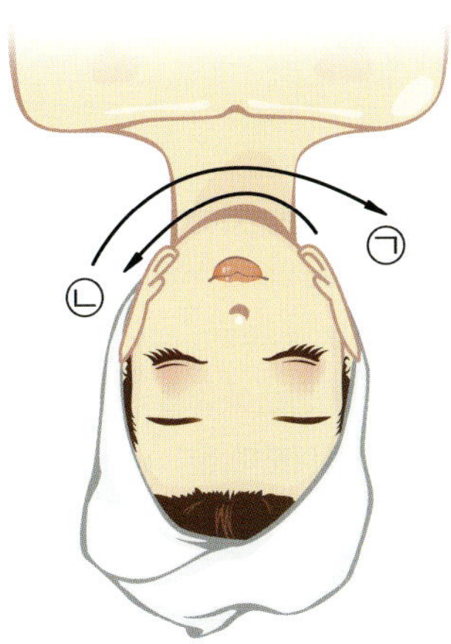

귀 앞에 머문 양손 중 한 쪽 손은(ㄱ) 그 자리에 두고 다른 한손(ㄴ)을 이용하여 (ㄱ)에서 (ㄴ)까지 턱을 따라 쓰다듬기로 이동한다. 귀 앞에 다다르면 잠시 머문다 (ㄴ). (ㄴ)이 머뭄과 동시에 한 쪽 손(ㄱ)이 다른 한손(ㄴ)으로 와서 턱을 쓰다듬기 하며 제자리(ㄱ)로 돌아간다.

(볼을 3등분으로 나누고 양손을
번갈아 가며 테크닉한다.)
첫 번째 부위(입술에서 턱쪽으로)를 문지르기한다.
두 번째 부위(코 옆에서 귀 앞으로)를 문지르기한다.
세 번째 부위(눈 아래에서 관자놀이까지)를
문지르기한다.
한쪽 볼이 끝나면 반대편 볼도
같은 방법으로 반복한다.

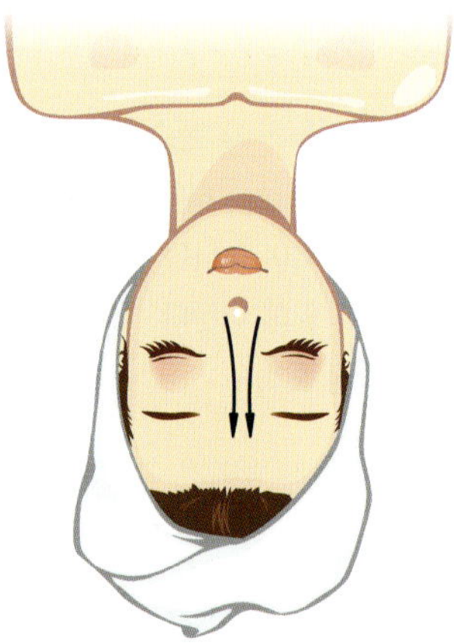

이어 한손씩 번갈아 가며 콧등과 콧등양
옆을 이마를 향하여 쓸어 올린다.
이때 중지와 약지(3,4번째 손가락)의
끝마디를 이용하면 눈에 크림이
들어가지 않으면서도 부드럽게 쓰다듬기
를 할 수 있다.

이어 동작의 연속으로 미간사이를 눈썹에
서 머리카락 시작부위까지 이마를
쓸어 올린다. 이후 한쪽이마에서
반대쪽 이마를 향하여 손을
번갈아 쓸어준다.

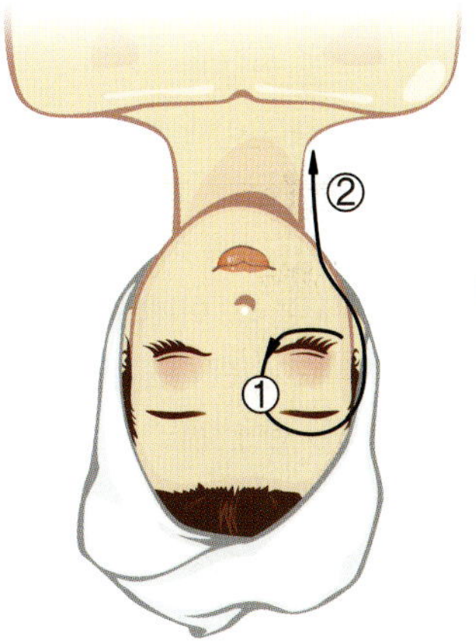

연결동작으로 눈 주위를 눈꼬리에서
눈초리를 향해 한두바퀴 원을 그려준 후
귀 앞을 지나 흉쇄유돌근을 따라
쇄골로 내려간다.

데콜테를 양손을 번갈아 화살표를
따라 굴려준다.
한손씩 양손을 흉부 가운데에 모운 다음
양손으로 안에서 밖을 향해 굴려준다.

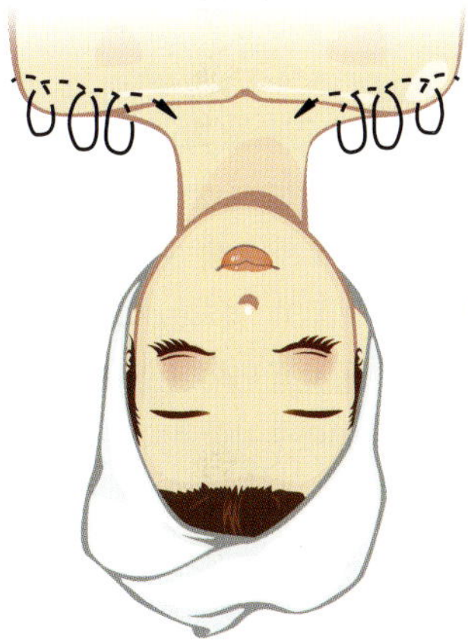

양 어깨(삼각근)를 지나
승모근 부위를 엄지와 나머지 네 손가락
을 이용하여 집어주듯이 문지른다.

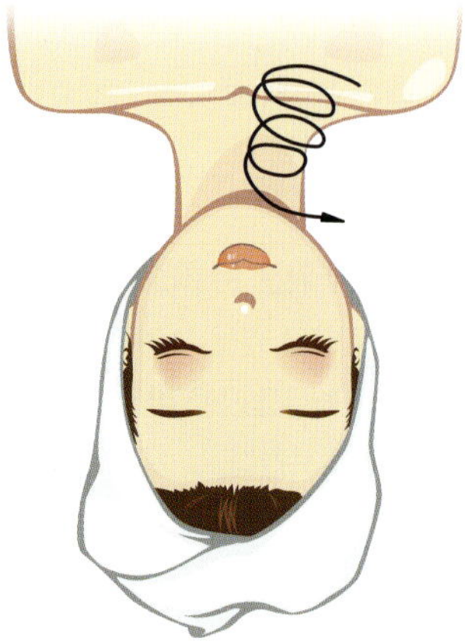

한손씩 양손을 번갈아
목 뒤을 굴리듯 문질러 준다(이때 한손이 문
지르기를 하는 동안 다른 한손은 고객의 어깨
에서 대기한다.) 한손이 화살표를 따라 목뒤를
따라 헤어라인까지 문지른 후, 어깨에 가서
정지하고 그동안 정지하고 있던 다른 한손이
교대로 반대편 목을 같은방법으로
문지르기한다.

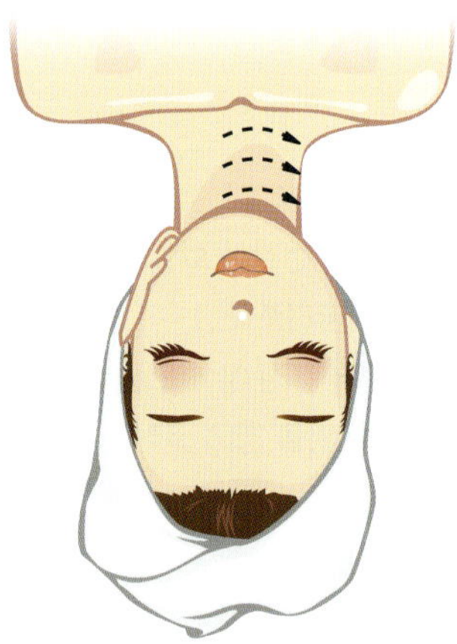

엄지를 제외한 네 손가락을 이용하여
손목을 회전하면서 뒷목을 문질러준다.
반대편 뒷목도 같은 방법으로 문질러준다.

턱을 중심으로 양쪽을 번갈아
쓰다듬은 후 양손을 한쪽
귀앞에 머문다(다음동작 준비)
양손 4지는 턱밑에 두고, 엄지는 턱 위에
둔뒤, 양손을 동시에 귀쪽을 향해
잡아당기듯 쓸어주기를 한다.

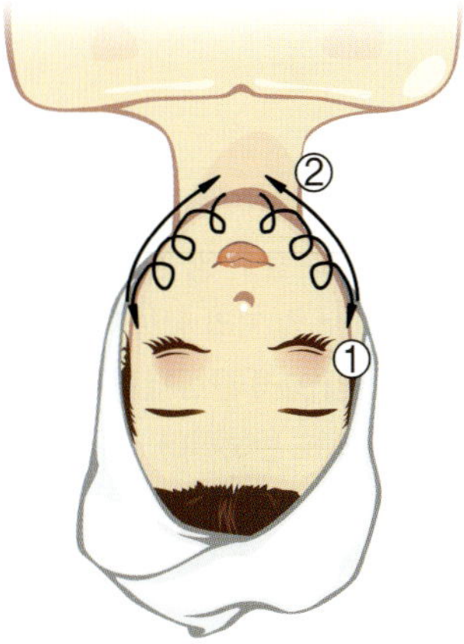

양손을 턱 중앙에 모은 후 중지와 약지로 턱에서 나선을 그리며 귀 앞까지 문지르기하고 미끄러지듯이 턱으로 내려가, 다시 귀 앞까지 나선을 그려가며 마사지한다. 3회 반복한다.

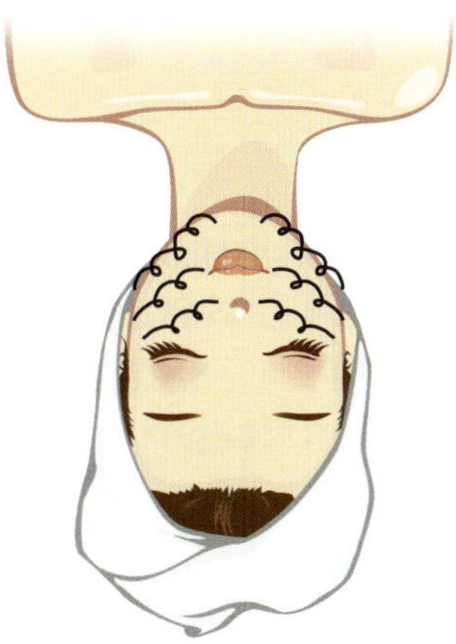

턱의 가운데에서 양손을 동시에 하악각을 향해 문질러준다. 한손씩 양쪽 입꼬리에 손을 가져다 놓은 후 귀 앞까지 문질러 준다. 한손씩 양쪽 코 옆에 손을 가져다 놓은 후 코 옆에서 관자놀이까지 문질러 준다.

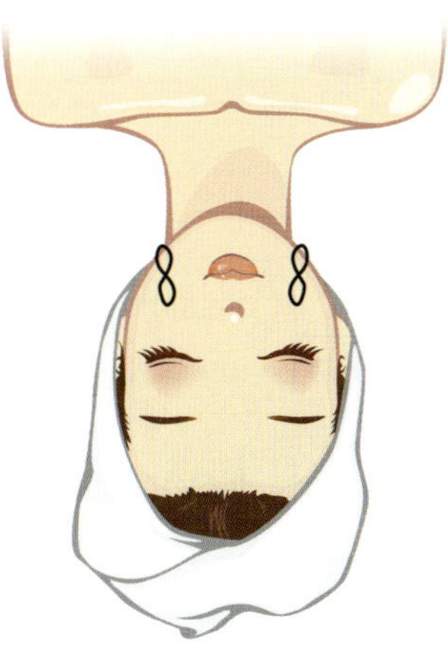

입꼬리 부위를 8자로 마사지한다.

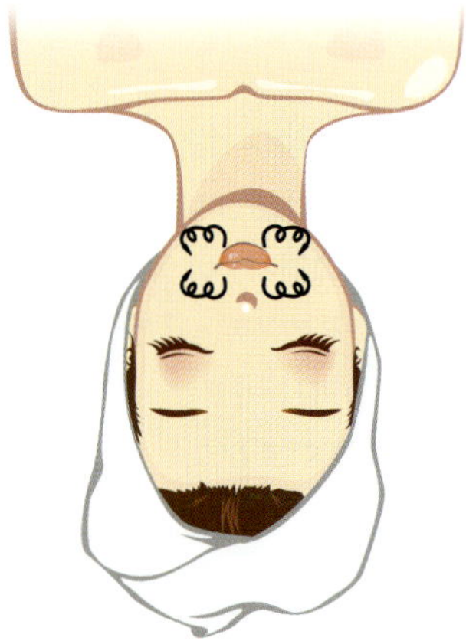

양손의 4지를 턱밑에 대고 양 엄지를
이용하여 인중에서 입 꼬리 끝까지,
아랫입술 가운데서 입 꼬리 끝까지 반원을
그리듯 3회 정도 반복한다.

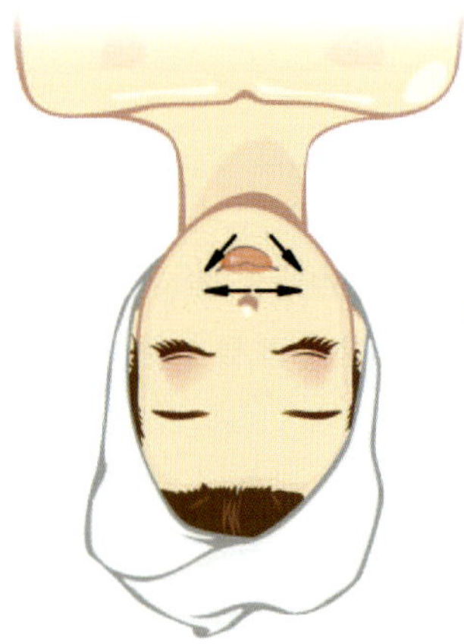

엄지를 이용하여 윗입술선 중앙에서
입꼬리를 향해 문질러준다.
중지를 이용하여 아랫입술선 중앙에서
입꼬리를 향해 3회 문질러준다.(3회)

중지나 약지를 이용하여
콧망울을 굴려준다.

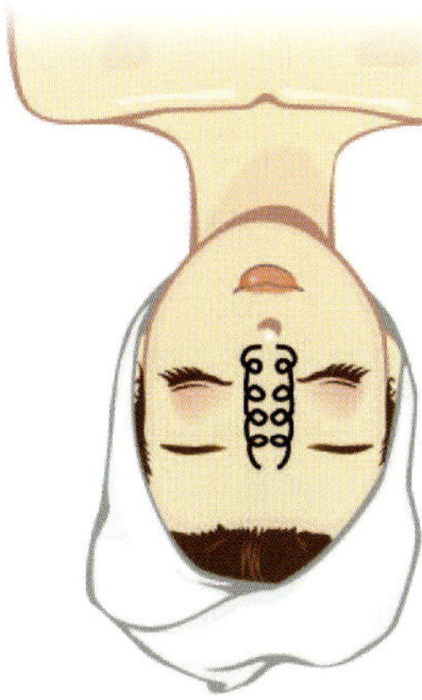

중지와 약지로 콧등을 이마를 향해 나선을 그리며 굴려준다.

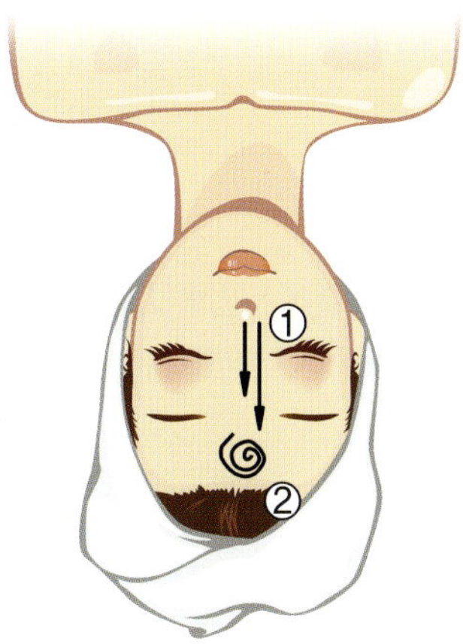

검지와 중지로 콧등부터 콧대까지
양손을 번갈아 쓸어 올린 후 미간에
주름을 펴주듯이 굴려준다.

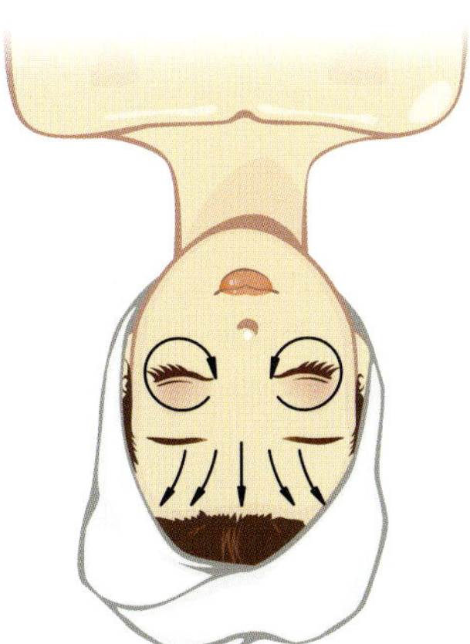

양손 네 손가락의 끝부분으로
이마를 쓸어준다.
눈주변을 4회정도 둥글려준다.

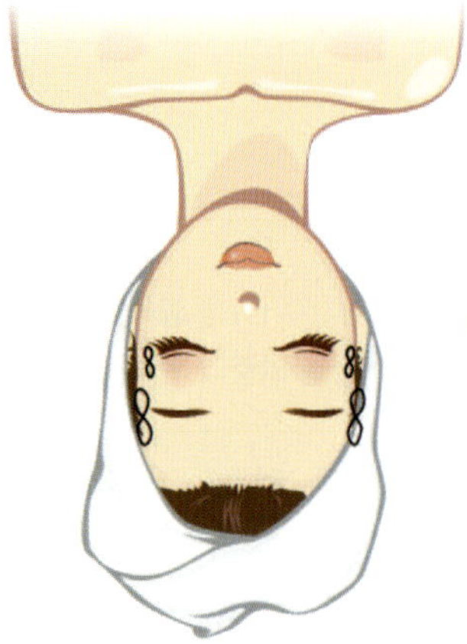

관자놀이에서 8자를 그리는 동작을 4회 정도 한다(평안한 느낌을 전달하듯이).
눈꼬리에서 8자를 그리는 동작을 4회 정도 한다(눈꼬리 주름을 펴주듯이).

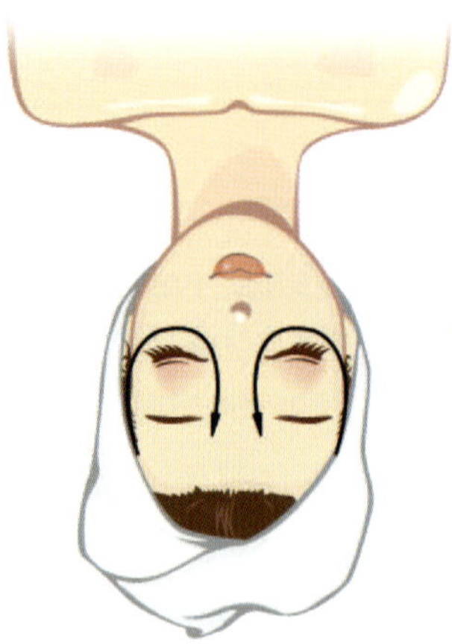

다음 눈 밑으로 돌아 눈썹머리를 끌어 올리듯 지긋이 눌러준다.

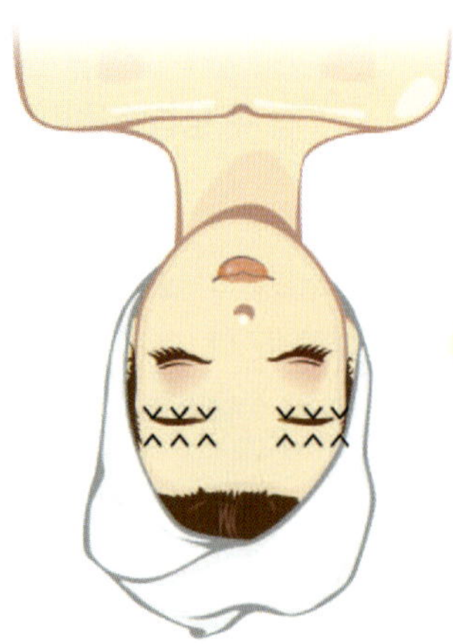

양손 엄지와 검지로 눈썹을 꼬집듯이 잡으며 눈썹 꼬리 쪽으로 이동한다.

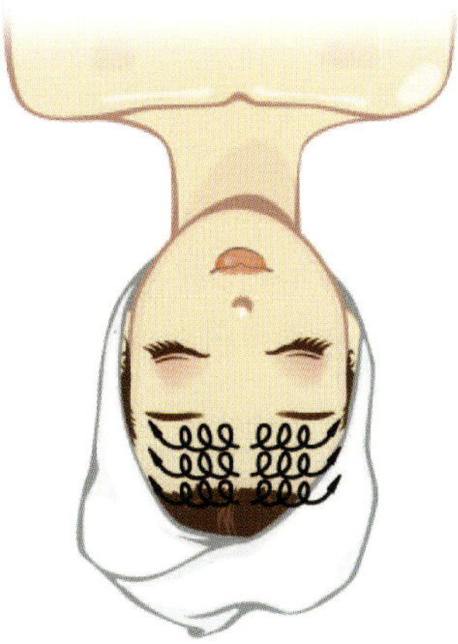

양손의 중지와 약지(3, 4번째 손가락)를
이용하여 이마를 2-3등분으로 나누어
문지르기한다.

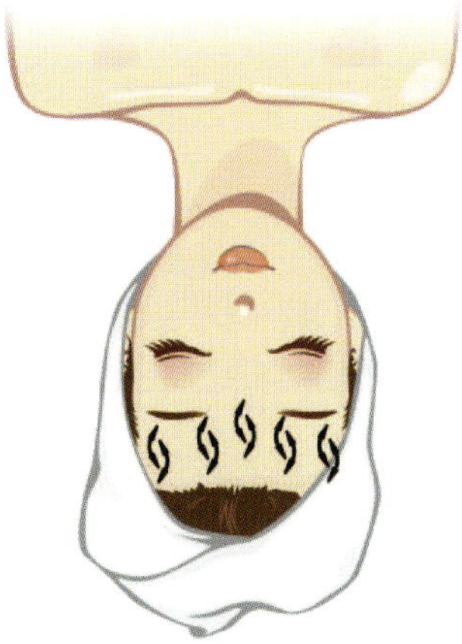

양손의 중지와 약지(3,4번째 손가락)를
이용하여, 양손을 서로 교차하며
이마에 반원을 그리며 전체적으로
문질러준다.

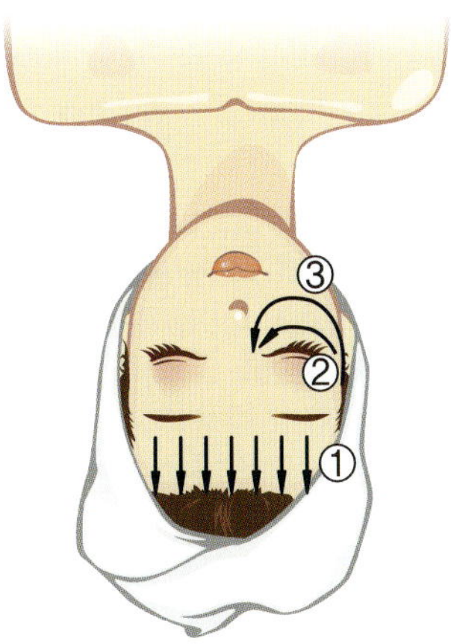

이마 쓸어주기를 한다.
눈주위를 줄려준다.
광대뼈, 코옆을 굴려준다.

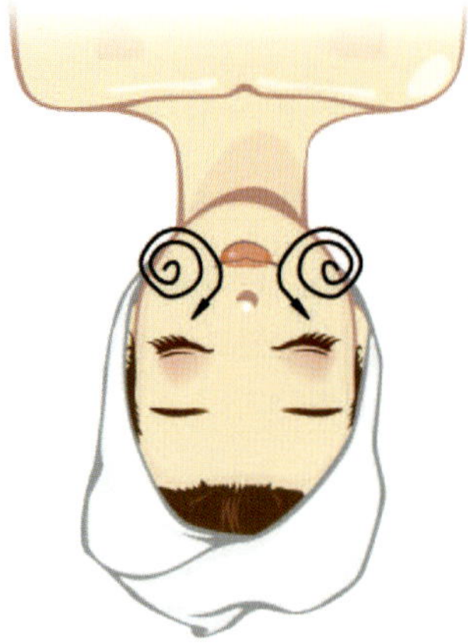

가볍게 반주먹을 쥐고 바닥으로 볼을 감싸듯 원을 그리며 부드럽게 마사지한다.

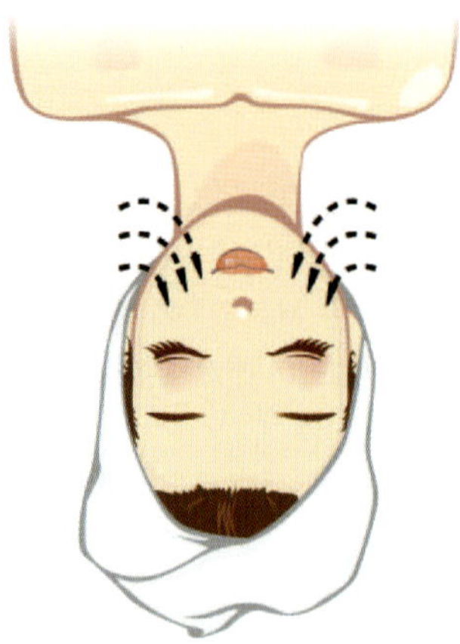

양손 동시에, 네 손가락을 부챗살 모양으로 펴서 볼을 튕겨 준다.
한쪽 볼씩 양손을 교대로 튕겨준다.

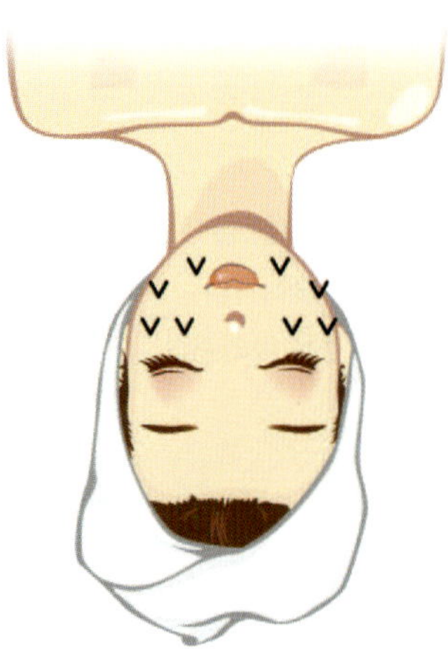

왼쪽 볼에서 이마 → 오른쪽 볼 → 턱 중앙까지 튕겨준다.

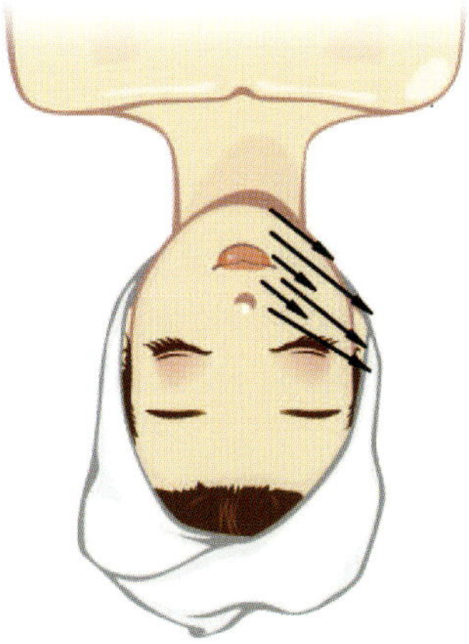

네 손가락을 밀착시켜 턱에서
관자놀이까지 쓸어 올린다(3번).
입꼬리에서 관자까지 쓸어올린다(3번).
콧망울 옆에서 관자까지 쓸어올린다(3번).
한손이 먼저 지나간 곳을 다른손이
반복하여 지나간다.

손바닥 전체와
모지구를 이용하여 턱, 뺨, 코옆에서
동시에 관자놀이를 향해 밀착하여
쓸어올린다(3번).

양손의 4지를 이용하여 얼굴 전체를
토닥토닥 두드린다.

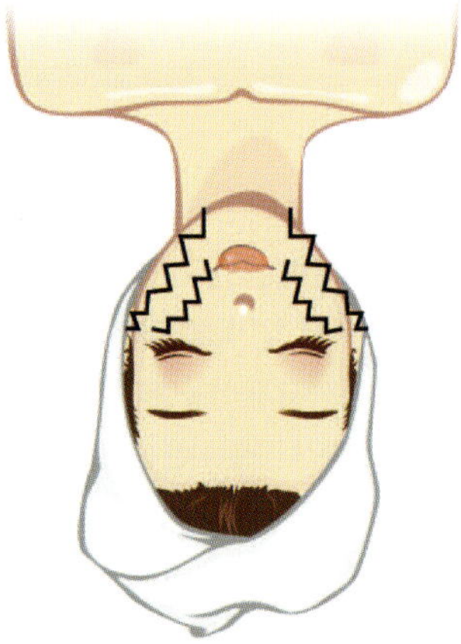

양손바닥으로 턱과 볼을 감싸고 턱에서
귀 앞쪽으로 진동(바이브레이션)을 준다.
입꼬리에서 관자놀이까지 진동을 준다.

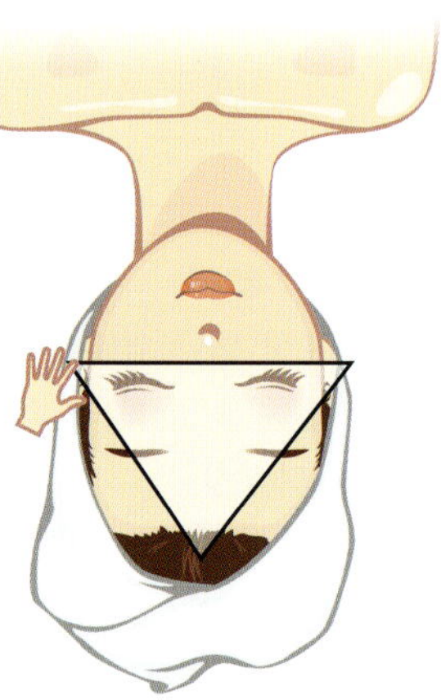

티슈작업을 한다.

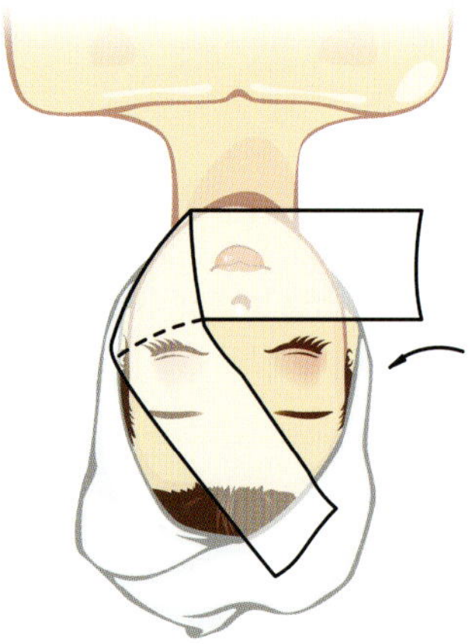

온타올 작업을 한다.

3) 평가자체크리스트(예시)

능력단위 요소	수행 준거	성취도		
		상(5)	중(3)	하(1)
얼굴메뉴테크닉하기 (1201010213_16v3.1)	얼굴의 피부유형과 부위에 맞는 메뉴얼테크닉을 하기 위한 제품을 선택할 수 있다.			
	선택된 제품을 피부에 도포할 수 있다.			
	5가지 기본 동작을 이용하여 메뉴얼테크닉을 적용 할 수 있다.			
	얼굴의 피부상태와 부위에 적정한 리듬, 강약, 속도, 시간, 밀착 등을 조절하여 메뉴얼테크닉을 적용할 수 있다.			

06 STEP 얼굴 팩 · 마스크(1201010214_16v3)

1. 능력단위 정의

얼굴 부위 피부에 적합한 팩과 마스크를 통하여 외부 공기를 차단시켜 노폐물을 제거하고 영양물질을 흡수시켜 주어 청결하고 위생적으로 마무리를 하는 능력이다.

2. 능력단위 요소 및 수행준거

능력단위	능력단위요소	수행준거
얼굴 팩 · 마스크하기 (1201010214_16v3.1)	얼굴 팩 · 마스크하기 (1201010214_16v3.1)	1.1 피부유형에 따라 팩과 마스크종류를 선택 할 수 있다.
		1.2 제품 성질에 맞는 팩과 마스크를 적용할 수 있다.
		1.3 관리 후 팩과 마스크를 안전하게 제거할 수 있다.
	얼굴관리 마무리하기 (1201010214_16v3.2)	2.1 얼굴관리가 끝난 후 토닉으로 피부 정리를 할 수 있다.
		2.2 고객의 얼굴 피부유형에 따른 기초화장품류를 선택할 수 있다.
		2.3 영양물질을 흡수시키고, 자외선 차단제를 사용하여 마무리 할 수 있다.

1) 얼굴 팩 · 마스크

학습목표

- 피부유형에 따라 팩과 마스크종류를 선택 할 수 있다.
- 제품 성질에 맞는 팩과 마스크를 적용할 수 있다.
- 관리 후 팩과 마스크를 안전하게 제거할 수 있다.

(1) 팩 · 마스크 이해와 제품의 종류

① 얼굴 팩 · 마스크

- 팩(PACK) 이란 말의 유래는 패키지(Package) "포장하다", "둘러싸다"라는 말로 유럽에서는 "마스크(Mask)"로 많이 사용되고, 국내에서도 거의 같은 의미로 여긴다. 균일한 두께로 얼굴 표면에 도포한 후 일정 시간이 지나면 닦아 내는 행위로, 진정 · 보습 · 영양공급 등의 작용과 체액 순환 촉진 작용을 상승시키는 작업이다.

② 마스크와 팩의 특징과 효능

▪ 마스크의 특징과 효능

특징

얼굴에 바른 후 딱딱하게 굳거나 외부의 공기를 차단하는 막을 형성하므로 이산화탄소, 수분, 열이 통과하기 어렵다.

작용 및 효능

바른 후 딱딱하게 굳어져 외부의 공기유입 및 수분증발을 차단하여 피부가 팽창되고 온도가 상승한다. 또한 활발한 혈액순환으로 모공과 모낭이 확장되어 피부를 유연하게 하고 유효성분의 침투가 용이해진다.

▪ 팩의 특징과 효능

특징

마스크와 다르게 얼굴에 바른 후 공기가 통할 수 있도록 하며, 얇은 피막을 형성하거나 굳지않아 공기를 차단하는 막이 형성되지 않으므로 이산화탄소, 열, 수분을 통과시킬 수 있다.

작용 및 효능

피부 온도가 저하되어 모세 혈관이 수축되고 보습력을 부여한다. 모공과 모낭을 수축해 피부에 긴장감을 준다. 제거시 피부의 죽은 각질과 지방질을 제거한다.

▪ 마스크와 팩의 종류

피막형성제를 이용한 필–오프(Peel–off)형이 대부분이었으나, 씻어내는 Wash–off, 티슈로 닦아내는 Tissue–off, 패취(Patch)형, 분말형 등으로 다양하다.

– 제품 성상에 따른 종류

- 크림상

보통 O/W 유화타입의 크림상으로 건성 노화 피부에 적합하며 영양, 보습, 피부진정에 효과적이다.

- 파우더상

가루 형태로 되어 있으며 증류수, 앰플, 젤을 섞어서 사용한다.

- 젤리상

수용성 고분자를 이용한 제품으로 자극이 적으며 보습, 피부진정효과가 있어서 예민성 피부에 효과적이다.

- 점토상

클레이 팩이라 불리기도 하며, 피지 흡착 효과, 안색 정화 효과가 있어 피지 분비 조절이 필요한 여드름피부와 지성피부에 효과적이다.

- 왁스상

왁스의 온도와 밀봉 요법을 이용하여 영양물질 침투를 촉진시키며 보습력이 증진되어 피부의 탄력성도 높아진다.

- 점액상

점도가 높은 액상으로 피부 진정, 수분 공급과 혈액 순환에 효과적이다.

- 에어로졸상

분사하여 사용하며, 기포 발생으로 기화열이 생겨 청량감을 부여한다.

– 제거하는 방법에 따른 종류

• **씻어내는 타입(Wash-off)**

크림 타입, 거품 타입, 젤 타입, 클레이 타입 등의 다양한 종류가 있으며 팩을 바른 뒤 일정한 시간이 지나면 물로 씻어 준다.

• **필 오프 타입(Peel-off type)**

얼굴에 바른 후 일정 시간이 지나면 굳어서 필름처럼 떼어내는 타입으로 팩이 건조되면 피부 표면에 피막이 형성되고 떼어내는 과정에서 죽은 각질 세포와 모공 속 노폐물이 제거되어 피부가 깨끗해지고 피부에 긴장감과 탄력을 부여한다. 투명 또는 반투명 젤리상과 페이스트상이 있다.

• **시트타입(Sheet type)**

영양물질을 건조시킨 시트 타입과 화장수나 에센스를 침적시킨 부직포 타입 등이 있다. 약 15~20분 정도의 시간이 지나 유효성분이 침투되면 팩을 제거한다. 시트타입은 자극이 적고 영양 공급과 보습 효과가 뛰어나며 피부에 탄력을 증진시킨다.

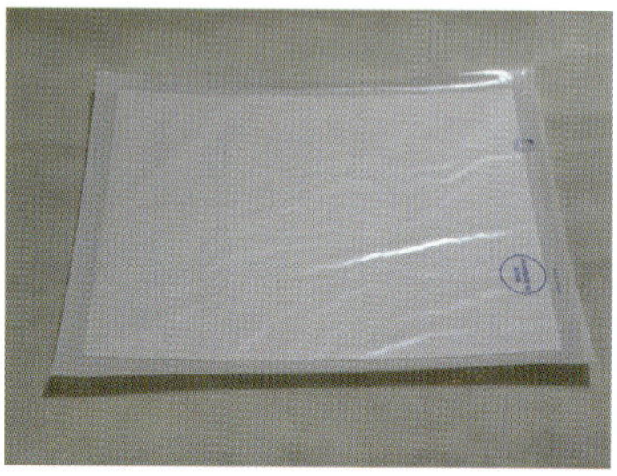

• **굳은 후 떨어지는 타입**

분말상으로 되어 있는 석고팩은 석고가루를 물과 혼합하면 열이 발생하는데 이때 생기는 발열작용을 이용하는 팩이다.

③ 마스크와 팩의 기능

▪ **보습작용**

팩에 함유된 유효성분들이 피부에 침투되거나 보호막을 형성하여 수분 보유력을 높이고 탈수를 막는다. 팩이 외부공기를 차단하고, 피부내부로부터 발생하는 수분과 팩의 보습제나 유연제가 각질층을 촉촉하고 유연하게 만든다.

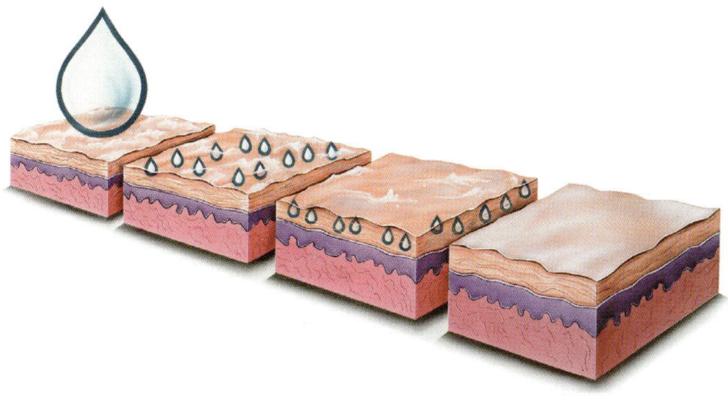

▪ **청정작용**

팩제를 제거 하는 과정에서 더러움을 제거하여 피부를 맑고 깨끗하게 해 주는 효과가 있다.

팩을 하는 동안 피부의 오염이나 피지 등, 불순물이 흡착되어 제거되므로 우수한 청정효과를 기대할 수 있다. 특히 필오프(Peel-off)타입의 팩은 각질을 제거해주는 효과가 있어 지나치게 자주 사용할 경우 정상적인 각질까지 탈락시키므로 주1~2회 사용이 적당하다. 민감성 피부일 경우 필오프 타입은 피부에 자극을 줄 수 있기 때문에 물로 씻어내는 워시오프(Wash-off)타입이 적합하다.

▪ **혈액순환 촉진 작용**

팩을 하는 동안 피막형성제와 분말이 건조되면서 피부에 적당한 긴장감을 주고, 일시적으로 피부온도를 높여 줌으로써 혈액순환을 촉진시킨다. 또한 노폐물 배출이 원활해져서 안색이 밝아진다.

④ 마스크와 팩의 사용방법

- 팩의 선택은 피부 유형에 적합한 종류를 선택하여 사용한다.
  복합성 피부인 경우 피부 부위별 특성에 따라 두 종류 이상의 팩을 선택하여 사용할 수 있다.
- 팩을 선택하면 팩볼에 덜어 사용한다.
- 팩 붓이나 스파츌라를 이용하여 피부톤이 가려질 정도의 두께로 일정하고 고르게 바른다.
  체온이 낮은 (볼 → 턱 → 코 → 이마 → 목)의 순서로 얼굴 근육의 방향을 고려하여 바른다.
- 아이패드를 한다.
- 제거 할 때는 잔여물이 남지 않게 깨끗하게 닦는다.
- 다음 단계를 위한 토닉을 바른다.

⑤ 마스크와 팩 과정의 위생과 소독

- 피부미용사는 고객을 위한 위생과 자신의 머리나 마스크, 복장 등의 청결에 항상 주의해야 한다.
- 피부미용사는 손톱이 길거나 손톱에 에나멜을 바르지 않는다.
- 고객이 편안하고 안정된 상태가 되도록 준비해야 한다.
- 화장품 및 기구는 청결하게 정리 · 정돈되어 있어야 한다.
- 주변이 깨끗하게 정리 · 정돈되어 있어야 한다.
- 팩이나 도구들을 베드 위에 올리지 않는다.
- 팩 준비 과정은 위생적으로 왜건 위에서 이루어져야 한다.

⑥ 마스크와 팩 도포 시 유의사항

- 터번은 고객이 불편을 느끼지 않도록 약간의 여유를 두고 머리카락이 잘 감싸지도록 두른다.
- 팩이 바르는 동안에 머리카락에 묻지 않도록 터번 아래에 발모라인을 따라 티슈를 미리 깔아준다.
- 팩의 양은 너무 많거나 적지 않게 적당한 양을 사용한다.
- 팩 도포 시간은 약 15 ~ 20분 정도로 한다.
- 팩의 효능과 도포 시 느낌을 고객에게 설명한다.
- 천연 팩은 사용하기 직전에 만들어 사용한다.
- 팩 제거 시 눈, 코, 입에 들어가지 않도록 한다.
- 건조되는 팩은 입술, 눈 가까이에 도포하지 않는다.
- 팩 도포 후 상황에 따라 눈과 입에 패드를 올려준다.
- 굳는 마스크의 경우에는 얼굴이 심하게 움직이지 않도록 목뒤를 받쳐 놓는다.
- 가슴 부위 노출이 심하지 않도록 대타월로 고객을 덮어 준다.
- 팩 제거 시에는 잔여물이 남지 않도록 깨끗이 제거한다.

⑦ 마스크와 팩의 순서

▪ 크림팩

- 얼굴과 목 부위를 토닉으로 정리한다.

- 스파츌라를 이용하여 눈과 입술에 크림을 바른다.

- 붓으로 부위 순서에 맞게 펴 바른다. (볼 → 턱 → 이마 → 코 → 목)

  볼은 코를 중심으로 안쪽에서 귀와 관자놀이 방향으로 리프팅하듯 부드럽게 발라준다.

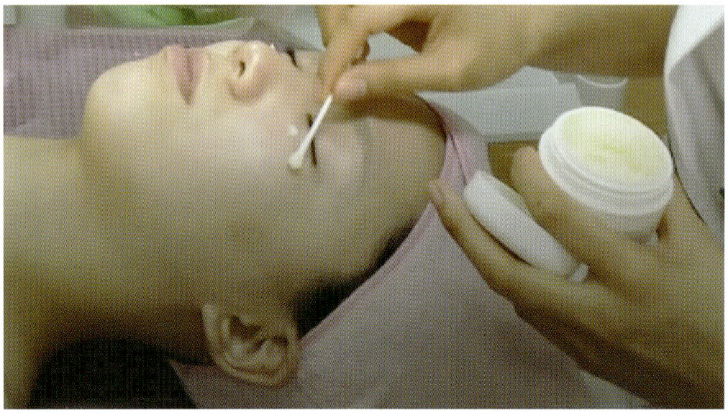

- 턱은 턱의 중앙에서 하악각이나 귀쪽을 향해 바른다.

- 이마는 눈썹위에서 헤어라인 방향으로 바르거나, 미간 중앙에서 헤어라인 방향으로 바른다.

- 코는 콧볼, 콧등에서 양 눈썹사이까지 바른다.

- 팩 도포 후 아이 패드를 올려놓는다.

- 15~20분 경과 후 팩을 제거한다.

  (팩에 들어 있는 유효 성분이 피부에 흡수되는 시간인 15~20분을 유지한다.)

- 남아있는 팩은 화장솜이나 해면으로 닦아낸다.

- 냉습포로 마무리한다.

- 토닉으로 정리한다.

*** 크림팩의 준비물과 팩 도포 범위**

- 크림 팩 준비물 : 아이 앤 립 크림, 팩(크림), 붓 혹은 스파츌라, 유리볼, 화장솜
- 크림 팩을 얼굴 전체에 피부톤이 가려질 정도의 두께로 고르게 도포한다.
  (입과 눈 가까이는 도포하지 않는다.)
- 목은 귀라인을 따라 어깨 아래로 바르고 앞쪽은 데콜테 부위까지 바른다.

■ **모델링(Modeling) 마스크**

- 고객의 목에 베개를 받힌다.
- 앰플이나 에센스 등 영양물질을 흡수시킨다.
- 눈썹까지 가려지도록 아이 패드를 한다.
- 머리카락을 헤어밴드로 잘 정리한다. (모델링마스크가 흘러 헤어에 묻지 않도록 헤어라인을 따라 헤어밴드 아래에 티슈를 둘러줄 수 있다.)
- 고무 볼에 파우더와 물을 넣고 스파츌라를 이용하여 적당한 농도(옆으로 기울였을 때 흐르지 않을 정도의 묽기)로 개어 얼굴에 바른다.
- 눈부터 도포한다(아이패드가 움직이지 않게).
- 입과 콧구멍을 제외한 얼굴에 균일한 두께로 바른다.
- 일정 시간이 지난 후 팩의 가장자리를 화장솜이나 해면에 물 혹은 토닉을 묻혀 팩 제거를 위한 전처리를 한다.
- 턱에서 이마를 향하여 말아 올리듯 떼어준다.
- 냉습포를 이용하여 잔여물을 제거한다.
- 토닉으로 정리한다.

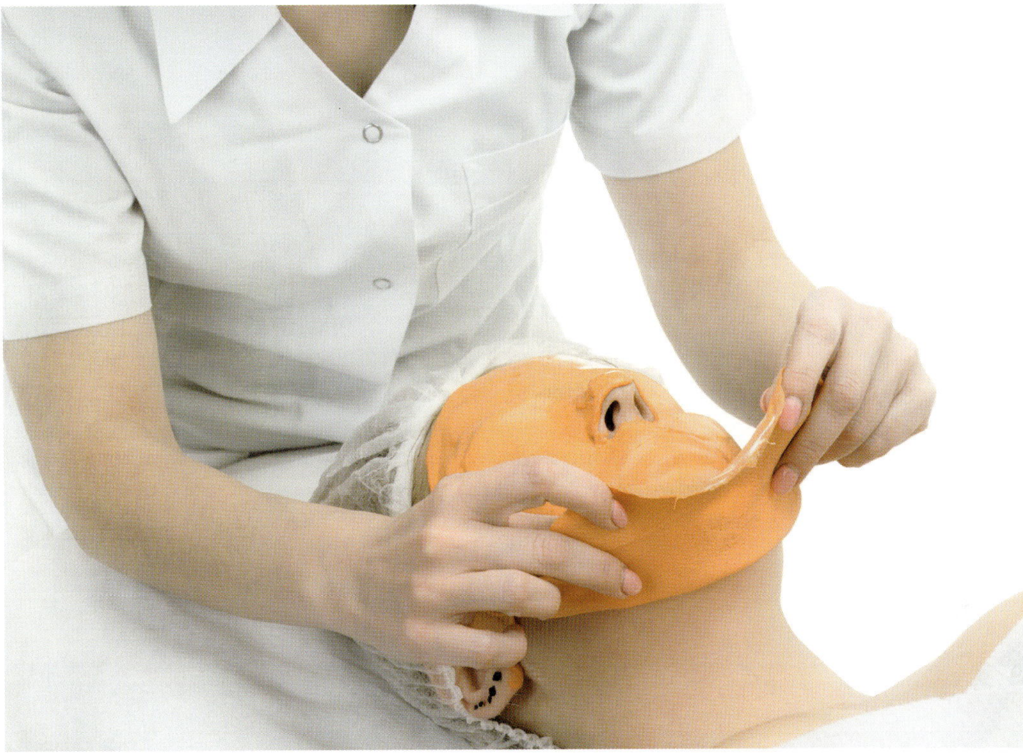

*** 모델링 마스크의 준비물과 주의점**

- 모델링 마스크 준비물 : 모델링 파우더, 물, 스파츌라, 영양물질, 화장솜
- 앰플이나 에센스 등 영양물질을 발라준다.
- 파우더와 물을 적당량 넣고 스파츌라를 이용하여 충분히 개어준다.
- 아이 패드로 눈을 보호하고 입과 콧구멍 제외한 얼굴에 균일한 두께로 도포한다.
- 아이패드의 움직임을 적게 하기 위하여 눈부터 도포한다.
- 데콜테까지 도포한다.
- 화장솜이나 해면에 물 혹은 토닉을 묻혀 팩 제거를 위한 전처리를 한다.
- 턱에서 이마를 향하여 말아 올리듯 떼어준다.

■ **석고마스크**

- 고객의 목에 베개를 받힌다.
- 앰플이나 에센스 등의 영양 물질과 베이스 크림을 두껍게 도포한다.
- 눈과 눈썹을 젖은 솜으로 덮어준다.

  (팩이 헤어라인에 묻지 않도록 터번 아래에 티슈를 둘러줄 수 있다.)
- 젖은 거즈를 얼굴에 밀착되도록 올려준다.

  적은거즈 위로 터번을 감싸준다.

- 파우더와 물을 흘러내리지 않을 농도로 개어준다.
- 입과 콧구멍을 제외한 얼굴에 균일한 두께로 도포한다.
- 콧볼 옆부터 도포한다.
- 일정시간이 지난 후 굳으면 팩의 가장 자리를 약간씩 흔들어서 팩을 떼기 위한 전처리를 한다.
- 따가울 수 있음을 고객에게 설명한 후 턱 부위부터 떼어준다.
- 냉습포를 이용하여 잔여물을 제거한다.
- 토닉으로 정리한다.

*** 석고 마스크의 준비물과 주의점**

- 석고 마스크 준비물 : 석고 파우더, 물, 스파츌라, 영양물질, 거즈, 화장 솜
- 파우더와 물을 적당량 넣고 스파츌라를 이용하여 충분히 개어준다.
- 얼굴에 영양물질과 베이스 크림을 충 분히 바른 후 젖은 거즈를 덮고 그 위에 석고를 올린다.
- 얼굴에 밀착과 온도손실을 막기 위해 콧볼 주변부터 도포한다.
- 눈에 너무 많은 석고를 올리지 않도록 한다(무게에 의해 고객이 불편을 느낄 수 있다).
- 목까지 도포한다.
- 너무 밀착되어(얼굴의 솜털과 밀착되어 따가울 수 있음) 고객이 불편해할 수 있으므로 따가울 수 있음을 고객에게 설명한다.
- 팩의 가장 자리를 약간씩 흔들어서 팩을 떼기 위한 전처리를 한다.
- 턱 부위부터 떼어준다.

▪ 시트마스크

– 얼굴 형태에 맞게 자른다.

– 솜이나 거즈, 팩붓을 이용하여 솔루션이나 정제수를 얼굴에 밀착되도록 발라준다.

– 스파츌라를 이용하여 기포가 생기지 않도록 시트마스크를 얼굴에 밀착시킨다.

– 15~20분 경과 후 얼굴에서 떼어낸다.

– 토닉으로 정리한다.

*** 시트마스크의 준비물과 주의점**

– 건 시트 마스크 준비물 : 콜라겐 시트, 화장 솜, 정제수

– 얼굴형에 맞게 재단하되 입과 코 부분은 오픈시킨다.

– 시트가 얼굴에 밀착되도록 한다.

– 스파츌라를 이용하여 기포가 생기지 않도록 정리한다.

– 눈과 코옆에 밀착을 위해 기포가 빠질 수 있는 구멍을 내어 준다.

– 목까지 도포한다.

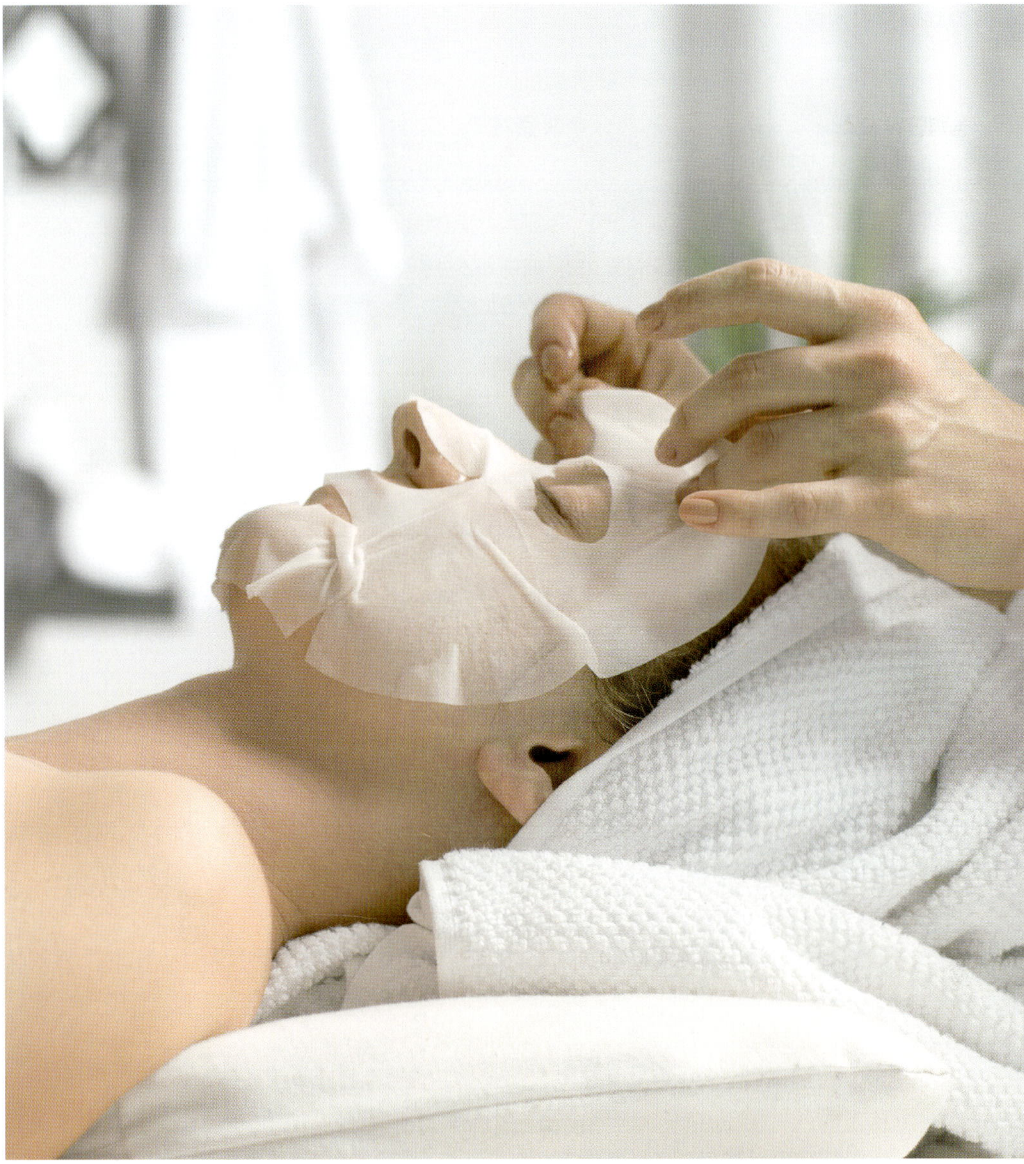

Tip 고객접점

베개를 받쳐준다. "베개를 받쳐드리겠습니다."

소요시간을 알려준다. "15분 후 마무리 하겠습니다"

(2) 평가자체크리스트

능력단위 요소	수행 준거	성취도		
		상(5)	중(3)	하(1)
얼굴 팩 · 마스크 (1201010214_16v3.1)	피부유형에 따라 팩과 마스크종류를 선택 할 수 있다.			
	제품 성질에 맞는 팩과 마스크를 적용할 수 있다.			
	관리 후 팩과 마스크를 안전하게 제거할 수 있다.			

2) 얼굴관리 마무리

학습목표

- 얼굴관리가 끝난 후 토닉으로 피부 정리를 할 수 있다.
- 고객의 얼굴 피부유형에 따른 기초화장품류를 선택할 수 있다.
- 영양물질을 흡수시키고, 자외선 차단제를 사용하여 마무리 할 수 있다.

(1) 얼굴관리 마무리 이해와 제품의 종류

얼굴관리 마무리란 얼굴 피부 관리의 마지막 단계로 피부타입에 맞는 기초화장품을 바르는 단계이다. 토닉, 에센스, 아이크림, 보습크림까지 바르며, 경우에 따라 자외선 차단제까지 바른다.

(2) 얼굴관리 마무리에 따른 기초 화장품의 선택

피부는 먼저 '건성(Dry)과 지성(Oily)' 으로 나눈다. 지성 피부는 피지의 분비가 많아 피부가 번들거린다. 때문에 피지를 조절해주는 유분기가 적거나 없는 젤 또는 파우더 기반의 제품을 사용하는 것이 좋다. 반면 건성 피부는 수분이 부족해 많이 거칠어 보인다. 그러므로 피부에 수분감과 유분감을 동시에 줄 수 있는 로션이나 크림 타입의 제품을 사용하는 것이 일반적이다. 민감성 피부는 진정과 보호 기능이 있는 성분의 제품을 사용한다.

(3) 사용목적에 따른 화장품의 분류

스킨케어 기초화장품	
사용목적	주요제품
세정	클렌징, 폼
정돈	토닉, 로션, 화장수
영양	에센스류, 아이크림, 넥크림, 영양크림, 팩, 마사지크림
보호	썬크림

① 토닉(Tonic)

일반적으로 스킨로션(Skin lotion)이라고 부르며 피부에 충분한 수분을 공급하고, 피부정돈을 목적으로 사용한다. 유연화장수는 수분공급과 피부유연의 효과가 있으며, 수렴화장수는 수분공급과 모공수축의 효과가 있다.

건성피부의 화장수는 부드러움과 수분을 공급해주는 유연화장수가 적합하다. 화장수는 젖은 화장솜에 내용물을 묻혀 안에서 밖으로 닦아 내듯이 사용하는 것이 가장 기본적인 방법이다.

최근에는 매우 건조하거나 노화피부를 위한 에센스 제형의 쫀득함을 강조하는 화장수들이 많이 출시되고 있으며, 이런 타입은 화장솜을 사용하기 보다는 화장수가 피부에 잘 흡수될 수 있도록 손으로 눌러주듯이 사용하면 촉촉함을 더 많이 느낄 수 있다. 예민한 피부는 진정효과가 있는 화장수를 선택해서 사용한다. 민감한 피부는 화장솜으로 닦는 행위도 자극의 요인이 되므로 화장수 사용 시에도 손으로 가볍게 누르듯이 사용하는 것이 효과적이다.
지성 피부는 피지를 흡착해주면서 모공을 수축해주는 수렴화장수를 선택하는 것이 좋다.

② 에센스(Essence) · 세럼(Serum)

피부에 탁월한 미용 성분 (영양, 미백, 수분 등)이 고농축으로 함유된 제품을 에센스라고 하며 또는 컨센트레이트(Concentrate)라고도 한다. 유럽에서는 혈액 중 영양 성분이 많은 혈청을 뜻하는 '세럼'이라고도 한다. 보통 에센스를 바르기 전에 부스터 에센스를 사용하여 피부를 활성화시키거나 지친 피부를 진정시켜 고농축 에센스의 흡수를 돕는 역할을 한다. 에센스는 비교적 적은 양으로도 효능을 내며, 피부보습, 미백, 노화억제 효과를 갖는 주요 미용성분을 고농축으로 함유하고 있어 보습효과, 피부보호, 영양공급을 통한 노화방지 효과가 있다.

③ 크림(Cream)

크림(Cream)을 사용하면 피부의 소실된 천연보호막을 일시적으로 보충하여 피부에 촉촉함을 부여한다.
크림의 주요 사용목적은 피부의 문제점을 개선하고, 피부의 생리기능을 도와주며, 피부를 외부환경으로부터 보호하기 위함이다.
로션과 비교 했을 때, 크림의 특징은 안정성이 우수하며, 유분, 보습제, 활성성분 등의 다량 배합이 가능하며, 피부보호 뿐만 아니라 보습 및 피부 유연기능도 부여한다. 크림은 사용하는 시점(오전 또는 오후, 계절) · 성분 및 효과 · 유분함량 · 유화의 형태에 따라 분류된다.

- 아이 크림 – 눈 밑에 바르는 영양 크림

  피지선이 거의 분포되어 있지 않은 눈가 피부는 건조하고 쉽게 주름이 생길 수 있다.

- 데이 크림 – 낮에 바르는 영양 크림

  낮에 햇빛 · 건조한공기 · 공해 등 낮동안의 외부자극으로부터 피부를 보호할 목적으로 사용한다. 데이크림은 주로 피부의 수분 증발차단 · 수분보유 · 수분지속 등을 목적으로 보습 위주의 크림을 바른다.

- 나이트 크림 – 밤에 바르는 영양 크림

  나이트 크림은 대체로 유분이 많이 함유되어 있다.
  밤에는 휴식과 영양을 공급하여 피부의 재생과 활력을 도울 목적으로 바른다.

④ 자외선차단제(Sunblock, Sunscreen)

자외선은 피부의 광노화를 일으키는 주원인으로 모든 피부 타입은 자외선으로부터 보호를 받아야 한다. 가장 대표적인 자외선 차단 방법은 자외선차단제를 바르는 것이다.

(4) 피부유형별 화장품 성분

정상피부	건성피부	지성피부	여드름성피부	민감성피부
히아루론산	세라마이드	살리실산	살리실산	아줄렌
카모마일	호호바오일	클레이	글리콜린산	비타민B5
알로에베라	알로에베라	캄퍼	아줄렌	알란토인
아줄렌	히아루론산	아줄렌	과산화벤조인	알로에베라
	아보카도오일			

(5) 위생과 소독

- 과정마다 손 소독을 철저히 실시한다.
- 헤어라인에 잔여물을 묻지 않도록 한다.
- 제품 사용 시 스파츌라를 사용한다.
- 정리대를 청결하게 준비해야 한다.

(6) 수행 순서

- 피부 유형에 맞는 화장품을 선택하여 다음 단계에 따라 바른다.
- 토닉으로 피부를 정리한다.
- 에센스 · 세럼 · 엠플 · 컨센트레이트 류의 화장품을 바른다.
- 아이크림과 립크림을 바른다.
- 기초 화장품을 선택한다.
- 낮에는 데이크림을, 밤에는 나이트 크림을 선택해 흡수가 용이하도록 부드럽게 펼쳐바른다.
- 낮에는 차외선 차단제를 꼼꼼히 덧발라준다.
- 고객에게 마무리되었음을 알리고 배드에서 일어나는 것을 돕는다.
- 마무리 후 주변 정리 정돈을 깨끗이 한다.

Tip 고객접점

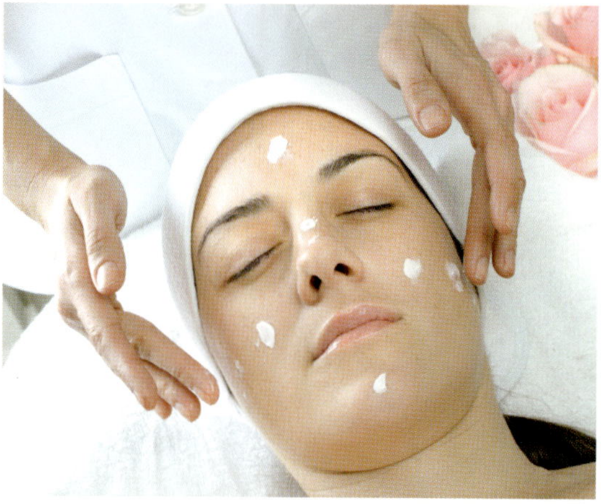

마무리 시작을 알려준다.

"마무리하겠습니다"

마무리 단계를 물어본다.

"썬크림, 비비크림까지 발라드릴까요?"

(2) 평가자체크리스트

능력단위 요소	수행 준거	성취도		
		상(5)	중(3)	하(1)
얼굴관리 마무리하기 (1201010214_16v3.2)	얼굴관리가 끝난 후 토닉으로 피부 정리를 할 수 있다.			
	고객의 얼굴 피부유형에 따른 기초화장품류를 선택할 수 있다.			
	영양물질을 흡수시키고, 자외선 차단제를 사용하여 마무리 할 수 있다.			

07 STEP 피부미용 고객마무리관리(1201010206_16v3)

1. 능력단위 정의

피부관리를 마친 고객의 만족도를 상담한 후 지속적인 유지 관리를 시행하고 홈케어를 조언하는 능력이다.

2. 능력단위 요소 및 수행준거

능력단위	능력단위요소	수행준거
피부미용 고객마무리관리 (1201010206_16v3)	관리 후 상담하기 (1201010206_16v3.1)	1.1 고객을 상담실로 안내하여 서비스를 제공 할 수 있다.
		1.2 안내받은 고객과의 상담을 통해 만족도를 측정할 수 있다.
		1.3 상담 후 고객관리차트를 정리할 수 있다.
	고객유지관리하기 (1201010206_16v3.2)	2.1 고수집된 정보를 정리하여 활용할 수 있다.
		2.2 고객일정에 따른 스케줄을 관리할 수 있다.
		2.3 고객기념일과 특정일에 부가적인 서비스를 안내할 수 있다.
		2.4 불만고객에 대한 리스트를 작성하여 분제점을 중점관리 할 수 있다.
		2.5 고정고객 외 재방문 하지 않는 고객의 문제점을 분석할 수 있다.
	홈케어 조언하기 (1201010206_16v3.3)	3.1 서비스를 제공받은 고객에게 맞는 제품을 선별할 수 있다.
		3.2 추천한 제품에 대한 사용방법을 설명할 수 있다.
		3.3 잘못된 생활환경 및 습관에 대해 조언할 수 있다.
		3.4 홈케어 진행과정을 정기적으로 확인할 수 있다.

1) 관리 후 상담하기

학습목표

- 고객을 상담실로 안내하여 서비스를 제공 할 수 있다.
- 안내받은 고객과의 상담을 통해 만족도를 측정할 수 있다.
- 상담 후 고객관리차트를 정리할 수 있다.

(1) 관리 후 상담

관리 후 상담은 피부관리를 마친 고객에게 피부 분석에 따라 시행한 프로그램을 재설명함으로써 고객의 방문 목적을 충족시키고, 향후 피부 개선을 위한 장기프로그램이나 홈케어 제품 등을 추천해줌으로써 피부미용사의 전문성을 알릴 수 있는 기회가 된다. 이러한 책임 있는 서비스는 고객으로부터 신뢰를 이끌어내어 고정 고객을 창출하는 중요한 핵심이 된다.

(2) 관리 후 상담 시 다루어져야 할 내용

- 피부관리 중 고객의 불편사항을 파악한다.
- 관리 후 피부 상태 변화에 대한 객관적 변화를 문진으로 확인한다.
- 고객 만족도 조사를 문진이나 짧은 질문지를 통하여 파악한다.
- 고객이 희망하거나 관리 후 추천하고 싶은 추가적인 관리와 화장품 등을 제안한다.
- 다음 관리 계획을 안내하고 시간을 예약한다.
- 홈케어의 중요성에 대하여 안내한다.
- 고객이 선택한 홈케어 제품에 대한 사용방법을 설명한다.
- 음식 및 기호식품, 수면 등의 식생활 습관에 대한 조언을 한다.

(3) 관리 후 상담의 중요성

관리후 상담은 고객의 관리지속여부와 관리효과의 만족도를 파악하는데 중요한 과정이며, 이 과정에서 고객의 만족도를 고객의 밝은 인상과 태도를 통해서도 파악할 수 있다.

고객불만과 고객충성도의 상관관계

고객이 평소에 이용하여 아무런 문제를 느끼지 못한 상황에서는 일반적으로 10% 정도의 재 방문율을 보이지만, 만약 불만 사항을 말하러 온 손님에게 진지하게 대응했을 경우 고객의 65%가 다시 이용하러 온다.

– 존 구드만의 법칙 –

(4) 상담 후 고객관리차트작성의 중요성

- 관리 후 피부의 변화를 알 수 있다.
- 고객의 만족도를 알 수 있다.
- 고객의 관리유지 여부를 알 수 있다.
- 고객과 예약을 잡고 관리의 스케줄을 정할 수 있다.

(5) 안전 · 유의사항

- 편안하고 쾌적한 시설의 상담실 내에서 이루어지도록 한다.
- 고객에게 심리적 압박감을 주는 질문은 피하도록 한다.

(6) 수행 순서

- 고객을 상담실로 안내한다.
- 따뜻한 음료 등의 서비스를 제공한다.
- 상담을 마친 후 피부관리 프로그램에 맞게 서비스를 받을 수 있도록 한다.
- 고객만족도 등의 상담내용을 고객관리카드에 기록한다.
- 차를 드시면서 설문지를 작성하시도록 정중히 부탁한다.
- 부담감을 느끼지 않도록 배려한다.
- 피부관리 중 고객 불편사항을 질문한다.
- 만족도를 체크한다.
- 관리 후 피부 상태 변화에 대한 객관적 의견을 수집한다.
- 피부의 핵심적 고민과 관리의 만족도를 설문 내용 · 견진 · 문진으로 빠르게 파악한다.
- 추가적인 관리에 대한 조언을 한다.
- 홈케어의 중요성에 대해 조언한다.
- 제품 사용방법에 대해 조언한다.
- 음식, 기호식품, 수면 등의 생활 습관을 조언한다.
- 관리의 유지여부를 파악한다.
- 고객의 스케줄을 확인하고 예약을 잡는다.

Tip 고객접점

고객에게 피부 상태를 점검한다.(손거울을 건네며)

"안색이 아주 맑아졌습니다."

고객을 일으켜 앉힌다.(손으로 등을 받쳐주며)

"(고객의 어깨를 두드리며) 긴 시간 애쓰셨습니다."

실내화를 편하게 신을 수 있도록 나란히 놓아 준다.

탈의실로 안내한다.

"옷 갈아입으시고 밖으로 나오시면 됩니다."

파우더룸으로 안내한다.(드라이기, 빗을 사전에 세팅한다.)

"탈의실은 이쪽입니다.

(두 손으로 방향을 가리키며 안내한다)"

(7) 평가자체크리스트

능력단위 요소	수행 준거	성취도		
		상(5)	중(3)	하(1)
관리 후 상담하기 (1201010206_16v3.1)	고객을 상담실로 안내하여 서비스를 제공 할 수 있다.			
	안내받은 고객과의 상담을 통해 만족도를 측정할 수 있다.			
	상담 후 고객관리차트를 정리할 수 있다.			

2) 고객유지관리하기

학습목표

- 수집된 정보를 정리하여 활용할 수 있다.
- 고객일정에 따른 스케줄을 관리할 수 있다.
- 고객기념일과 특정일에 부가적인 서비스를 안내할 수 있다.
- 불만고객에 대한 리스트를 작성하여 문제점을 중점관리 할 수 있다.
- 고정고객 외 재방문 하지 않는 고객의 문제점을 분석할 수 있다.

(1) 고객유지관리의 정의

피부관리실을 방문하여 피부관리 서비스를 제공받은 고객에게 수집된 정보를 이용한 부가 서비스를 제공함으로써 고객의 이탈을 방지하고, 고객과의 관계 강화, 다시 말해 '충성고객 혹은 단골고객'을 만드는 활동이다.

(2) 고객관리의 중요성

- 효과적인 고객관리는 반복 구매율의 증가를 만들어낸다.
- 매출 증대라는 경제적인 효과를 만들어 낸다.
- 입소문의 효과가 있다.
- 고객 만족도를 통한 충성 고객 유치 등 부가적인 효과를 얻을 수 있다.

(3) 고객 일정 스케줄 관리의 중요성

- 시간을 활용할 수 있다.
- 예약 시간을 사전에 확인한다.
- 고객이 원하는 프로그램에 만족도를 높일 수 있다.

(4) 예약과 배웅

① 예약시의 상담의 예

- 다음 번 예약을 미리 잡아드리겠습니다.
- 저희는 예약제로 운영 되고 있어서 미리 예약을 하시면 더 편하게 관리 받으실 수 있습니다.
- 혹시 취소하시게 될 경우에는 이틀 전에 전화 꼭 부탁드립니다.
- 다음 주 화요일, 22일 오후 4시 예약 가능하십니다.
- 하루 전에 예약 알림 문자 드리도록 하겠습니다.
- 꾸준한 관리로 확실한 피부 개선을 느끼실 수 있도록, 예약일에 맞춰 꼭 뵙겠습니다.

② 배웅시의 상담의 예

- 문을 고객보다 앞서서 먼저 활짝 열어준 후 엘리베이터 앞까지 배붕을 기본으로 한다.
- 고객님, 감사합니다. 안녕히 가세요.
- 다음 주에 뵐 때까지 건강 유의하시고요 (계절에 맞는 안부인사를 전한다).
- (공수 인사로) 다음 주에 뵙겠습니다.
- 안녕히 가세요.

(5) 고객유지관리를 위한 고객관계관리

①고객관계관리

■ **사후관리**

– 1일 후 전화통화 혹은 문자로 사후 증상 및 유의사항을 체크한다.

– 예약 1일전 고객 분류 후 전화통화 혹은 문자로 예약알림을 전하고 확인한다.

– 유휴고객 · VIP 고객 · 소개 고객 · 기념일 고객 · 불만 고객 등 고객을 선별하여 각 고객에게 알맞은 엽서 등의 사후관리를 한다.

② 고객만족도 체크

■ **지속적인 피드백으로 고객의 만족도를 높인다**

– 간단한 설문을 통해 고객이 관리실에 지속적인 관심을 갖게 하고 관리실 또한 지속적인 변화와 서비스에 노력하고 있음을 알린다.

• 우리 스파에서 가장 잘하고 있는 요소를 하나만 골라주세요.

① 친절하다	
② 깨끗하다	
③ 효과가 좋다	
④ 전문적이다	
⑤ 약속을 잘지킨다	
⑥ 세심히 배려한다	
⑦ 기타	

• 우리 스파에서 가장 개선되어야 할 요소를 하나만 골라주세요.

① 친절	
② 청결	
③ 테크닉	
④ 전문성	
⑤ 약속이행	
⑥ 고객배려	
⑦ 기타	

▪ **DM 발송, SMS, 해피콜, 이메일을 발송한다.**

– 관리 만족도, 홈케어 사용 여부와 사용감을 체크한다.

– 알찬 프로모션을 수시로 소개해 드린다.

– 예약일 환기, 재방문 권유 등을 꾸준히 한다.

– 연1회 이상 설문조사를 실시한다.

※ 설문조사의 예

– 우리 샵의 청결도는 어떠합니까?

– 관리를 받을 때의 압은 적당합니까? (기타의견 :   )

– 우리 샵이 고객님과의 약속을 잘 지키고 있습니까? (기타의견 :   )

– 담당 관리사의 친절도에 만족하십니까? (기타의견 :   )

– 우리샵에 가장 바라는 점을 적어주세요. 잘 반영하겠습니다.

③ 고객기념일과 특정일에 부가적인 서비스

- 고객의 기념일에 축하문자를 보낸다.
- VIP고객의 기념일에 할인쿠폰을 발송한다.
- 월별 기념일 및 프로포션 및 대상에게 쿠폰 발송한다.

④ 프로모션 제안하기

- 시테크 마케팅 - 고객의 내방 시간을 분석하여 내방 빈도가 적은 시간에 할인율 적용한다.
- VIP 마케팅 - vip에 대한 특별한 혜택을 준비한다.
- 마일리지 마케팅 - 마일리지 적립에 의한 혜택을 준비한다.
- 쿠폰 마케팅 - 쿠폰을 발행하여 고객에게 할인율을 적용한다.
- 사회적 공헌 마케팅 - 뷰티기술을 통한 사회봉사를 진행한다.
- 계절마케팅 - 계절에 특성에 맞는 마케팅 전략을 시행한다.
- 감성마케팅 - 고객의 마음을 사로잡을 수 있는 감성마케팅을 시행한다.

⑤ 불만 고객

- **불만 고객의 정의**

- 불평 · 투덜거림 · 푸념 · 불편 등의 불만을 표현하거나 불만의 해결이나 권리를 요구하는 고객을 말한다.
- 피부관리실의 발전과 향상에 있어서 없어서는 안 되는 고객을 말한다.
- 문제점과 취약점을 개선할 수 있는 기회를 주는 고객을 말한다.

학습 Tip

까다로운 고객을 고정고객으로 만드는 방법

· 1단계 : 고객의 불만을 개인에 대한 불만으로 생각하지 않는다.

· 2단계 : 조용히 참고, 주의 깊게 듣는다.

· 3단계 : 사람에게 초점을 맞추지 말고, 문제 자체에 초점을 맞춘다.

· 4단계 : 까다로운 고객을 만족스러워 하고 즐거워하는 고객으로 바꾸어 놓았다면, 그에 맞는 보상을 한다.
항상 고객이 기대하는 것 이상을 제공한다.

- **불만 고객의 발생요인**

– 통명스러운 말투

– 직원의 용모와 복장 불결

– 고객의 기대에 미치지 못하는 서비스

– 지연 서비스 및 약속 불이행

– 직원의 실수와 무례한 태도

- **불만 고객 처리의 중요성**

– 부정적 구전효과를 최소화 시킨다.

– 고객 유지율 증가에 따른 이윤이 창출된다.

– 불만 고객이 침묵 고객보다 서비스 개선에 도움이 된다.

■ **불만고객 응대법**

– 문제인식의 단계

- 신속한 접수, 사과와 경청이 이루어져야 한다.
- "죄송합니다 〉 미안합니다" 등의 인사로 먼저 사과하며, 유감을 뜻을 표한다.
- 고객의 말을 끊지 않고 문제를 파악하고 진심으로 열심히 고객의 불만을 듣는다.
- 변명을 하지 않고, 규정을 내세우며 노여움을 사지 않는다.

– 동감 및 이해의 단계

- 원인분석, 고객동조, 방안모색이 이루어지는 단계이다.
- "저희에게 솔직하게 말씀해주셔서 감사합니다." 등의 어휘로 공감대를 형성하고 고객의 관점에서 고객의 입장을 느끼도록 한다.
- 화가 난 고객에게 정면으로 대하면 도전적인 인상을 줄 수 있으므로 정면보다 어깨를 나란히 마주하는 자세가 좋다.
- 신중한 단어 선택 및 천천히 침착한 목소리로 고객의 마음을 누그러뜨릴 수 있게 이야기 한다.
- 문제해결이 어려울 경우 장소의 변화나 상급관리자가 해결을 돕도록 한다.

– 해결 방법 제시 단계

- 대안제시, 거듭 사과, 감사표현을 하는 단계이다.
- 먼저 고객에게 대안을 제시할 수 있도록 하며, 가능한 고객에게 최선의 대안을 제시한다.
- 고객과 합의한 대안은 성실히 실천한다.
- 문제를 시정하기 위해 어떤 조치를 취할 것인지 설명해 주고 대안에 대한 고객의 만족도를 확인하고 지적해 준데 대해 감사의 표시를 한다.

(6) 안전 및 유의사항

- 편안하고 쾌적한 시설의 상담실 내에서 이루어지도록 한다.
- 고객 유형별 응대 방법에 대해 지식을 갖춘다.
- 고객의 심리에 대한 사전 지식을 갖춘다.
- 불만 고객 발생 요인과 대처 방법에 대한 사전 지식을 갖춘다.

(7) 수행 순서

▪ **수집된 고객 정보를 정리하여 활용한다.**

– 고객에 대한 정보(신상정보, 생활환경, 취미 등)을 정리할 수 있어야 한다.

▪ **고객 일정에 따른 스케줄 관리를 한다.**

– 고객의 편리성을 위하여 고객 입장에서 서비스를 제공 받을 수 있는 시간을 사전에 스케줄을 맞춰 관리한다.

– 고객의 기념일과 특정일에 부가 서비스를 제공한다.

– 불만 고객에 대한 리스트를 작성하여 문제점을 중점 관리한다.

– 고객 불만에 경청하고, 원인을 분석하여 작성하고, 문제점을 파악하여 중점적으로 관리한다.

– 고정 고객 외 재방문 하지 않는 고객의 문제점을 분석한다.

– 관리 후 재방문을 하지 않는 고객의 문제가 무엇인지 파악하여 분석할 수 있어야 한다.

DISC유형	성향	응대방법
D형	빠른 결과을 얻는다. 다른 사람의 행동을 유발시킨다. 도전을 잘 받아들인다. 지도력을 발휘한다. 주로 What에 관한 질문을 한다.	논리적으로 사실을 제시한다. 간단명료하게 핵심만 말한다. 과감하게 제안하고 선택안을 제시한 후 스스로 결정하게 한다.
I형	호의적인 인상을 준다. 말솜씨가 있다. 열정적이며 사람들을 즐겁게 한다. 구릅 활동을 좋아하다. 주로 Who에 관한 질문을 한다.	다정하고 우호적으로 접근한다. 적절한 칭찬과 맞장구 등의 반응을 한다. 다른 사람의 성공적인 사례를 들어 설명한다.
S형	중요한 지시나 기준에 관심을 둔다. 세부사항에 신경을 쓰고 정확성을 점검한다. 갈등에 대해 간접적 우회적으로 접근한다. 주로 How에 관한 질문을 한다.	참을성 있게 경청한다. 차분한 어조로 설명한다. 제안 후에는 충분히 선택한 시간을 준다. 체계적인 계획을 주어 의사결정에 도움을 준다.
C형	참을성 있고 안정되며, 조화로운 업무 환경을 만든다. 전문적인 기술을 개발한다. 흥분한 사람을 진정시킨다. 주로 Why에 관한 질문을 한다.	구체적인 효과와 테스트 결과 등을 논리적으로 설명한다. 충분한 시간을 주고 꼼꼼히 검토하게 한다. 일에 관해 집중한다. 철저하게 준비하고 확실한 근거만을 제시한다.

▶ DISC에 따른 고객 유형별 응대 방법

(8) 평가자체크리스트

능력단위 요소	수행 준거	성취도		
		상(5)	중(3)	하(1)
고객유지관리하기 (1201010206_16v3.2)	수집된 정보를 정리하여 활용할 수 있다.			
	고객 일정에 따른 스케줄을 관리할 수 있다.			
	고객 기념일과 특정일에 부가적인 서비스를 안내할 수 있다.			
	불만 고객에 대한 리스트를 작성하여 문제점을 중점 관리 할 수 있다.			
	고정 고객 외 재방문 하지 않는 고객의 문제점을 분석할 수 있다.			

3) 홈케어 조언하기

학습목표

- 서비스를 제공받은 고객에게 맞는 제품을 선별할 수 있다.
- 추천한 제품에 대한 사용방법을 설명할 수 있다.
- 잘못된 생활환경 및 습관에 대해 조언할 수 있다.
- 홈케어 진행과정을 정기적으로 확인할 수 있다.

(1) 홈케의 중요성과 조언

전문가의 관리뿐 아니라 건강한 피부로의 시너지 효과를 위해 홈케어는 중요하다. 생활습관 · 식습관 · 수면 · 화장품 사용 등의 매일 이루어지는 홈케어가 함께 병행되어질 때 관리효과가 증진되고 더 오래 지속될 수 있다. 그러므로 홈에서 이루어지는 자가관리의 중요성을 설명하고 홈케어가 잘 이루어질 때 건강하고 좋은 피부 상태를 지속시킬 수 있음을 인식시켜주는 것이다.

① 효과적으로 홈케를 권유하는 시기

- 처음 고객 진단 시 차트에 기록되어 있는 내용을 참고하며 함께 사용하면 좋은 제품을 권유한다.
- 관리 후 마무리 과정에서 홈케어제품의 올바른 사용방법 및 순서와 사용량 등을 체크하며 권유할 수 있다.
- 3, 4회차 관리 후 관리사와 친숙해졌을 때, 관리하면서 관리사가 처음에 분석 진단한 제품으로 권유하는 것이 좋다.
  (⇒ 이때 원장님이 사전 코칭을 해주어야 한다.)
- POP로 고객의 관심과 제품에 대한 이해를 돕는다.

② 홈케어 조언 내용

- 생활환경 및 습관을 살피고 조언한다.
- 제품에 대한 선별 및 사용법을 안내한다.
- 올바른 세안법을 안내한다.
- 운동 방법, 영양 등을 안내한다.

③ 홈케어 조언을 위한 피부 타입별 관리법

- **정상 피부(Normal skin)**

정상 피부란 한선과 피지선의 활동이 정상적인 상태로 피부의 유 · 수분 밸런스가 균형 있는 상태이며, 피부 조직이 정밀하고, 피부의 생리 기능이 양호한 피부 상태를 말한다. 그러나 정상 피부도 외부 · 생리적 요인 등에 의해 변화될 수 있으므로 지속적인 관리가 필요하다.

– 관리 목적

피부 보호 기능의 저하를 최소화하고, 피부의 보습을 유지한다.

– 제품 선택

피부 보호 성분 중 천연보습인자(Natural moisturizing factor, NMF)가 함유된 제품을 사용하여 피부 보습 유지 및 노화 방지에 주력한다.

- **지성 피부(Oily skin)**

지성 피부란 피지선 기능이 비정상적으로 항진되어 피지가 과다 분비된 상태로 피부 표면이 번들거리고, 모공이 넓고 각질이 두꺼워져 칙칙해 보이는 피부 상태를 말한다. 경우에 따라 생성된 피지가 모공 밖으로 나오지 못하고 모공과 모낭 안에서 잔류하여 피지 배출장애로 인하여 여드름이 발생되기 쉬운 피부 유형이다.

– 관리 목적

모공 속 피지와 노폐물을 제거하여 여드름을 예방하고, 피지를 조절한다.

– 제품 선택

보습 전용 에센스로 수분을 공급한다.

▪ 건성 피부(Dry skin)

유 · 수분 밸런스를 정상화 시키는 관리가 필요하므로 알칼리성 비누를 통한 지나친 세안을 자제하고, 세안 후 바로 보습 효과가 우수한 화장품을 발라주어야 한다. 유분이 지나치게 함유된 화장품은 피하고, 계절에 따라 보습제 및 화장품의 선택을 달리 하여 환경에 민감하지 않도록 냉 · 난방 조절로 실내의 습도 유지에 주의하여 수분 증발을 방지한다.

세안을 자주하거나 뜨거운 물 세안 피한다. 사우나 및 뜨거운 입욕 등과 같은 고온은 피한다. 혈액 순환을 돕고, 피지선 기능을 촉진시키는 마사지와 일주일 1~2번 꿀, 바나나, 아보카도 팩을 이용한 팩이 효과적이다.

– 관리 목적

피지선과 한선의 기능을 강화시켜 피부 보호막이 상실되지 않도록 하며, 표피의 보습기능을 강화시켜 유 · 수분 공급으로 피부의 균형을 되찾아 준다.

– 제품선택

보습 앰플(히알루론산, 콜라겐 등), 유분 앰플(필수 지방산, 비타민 A, 비타민 E 등)

④ 홈케어 조언하기

▪ 정상 피부의 홈케어 조언

– 아침

- 세안 시 클렌저를 사용하지 않고 미지근한 물로 세안

- 토너 사용 후 눈 주변에 젤 타입의 아이 제품을 도포한다.
- 보습용 에센스를 얼굴 및 목 전체에 도포한다.
- 보습 크림을 얼굴 및 목 전체에 도포한 후 자외선 차단제로 마무리한다.

– 저녁

- 세안 시 젤 클렌저로 피부 불순물을 제거한다.
- 주 1회 도포형 효소 클렌저를 이용하여 각질을 정리한다.
- 토너 사용 후 눈 주변에 아이 크림 도포한다.
- 보습용 에센스를 얼굴 및 목 전체에 도포한다.
- 보습 크림을 얼굴 및 목 전체에 도포한다.

▪ 지성 피부의 홈케어 조언

– 아침

- 세안 시 젤 타입의 클렌징으로 세안한다.
- 수렴 화장수로 피지와 모공에 긴장감 부여한다.
- 알로에 젤, 피지 조절 크림으로 적절한 수분 공급한다.
- 자외선 차단제 마무리로 피부를 보호한다.

– 저녁

- 세안 시 폼 클렌징으로 세안한다.
- 수렴 화장수와 수분 크림을 얼굴 및 목 전체에 도포한다.

• 건성 피부의 홈케어 조언

– 아침

- 세안 시 미지근한 물로 가벼운 물세안을 한다.
- 건성 피부용 스킨 로션, 보습 및 보호 크림, 자외선 차단제를 충분히 바른다.

– 저녁

- 보습 효과가 뛰어난 에센스 및 크림을 얼굴 및 목 전체에 충분히 바른다.

⑤ 피부와 영양

피부의 기능성과 미적인 매력은 영양에 크게 의존된다. 피부는 세포교환이 일생동안 매우 빠르게 진행되는 조직으로 균형 있는 영양소의 지속적인 공급이 필요하다. 영양소의 공급 상태가 좋으면 피부는 정상적인 기능을 갖게 되지만, 필수적인 영양소가 결핍된 식사를 하게 될 경우 피부상태가 불량해지므로 피부 건강을 위해 평소의 균형 잡힌 식사가 중요하다. 젊은 여성의 경우 과도한 체중감량 시도, 아침 결식, 불규칙한 식사, 잦은 외식 등 바람직하지 못한 식생활 및 생활 습관으로 인한 영양소 불균형을 경험하기 쉬운데 이런 생활습관부터 고쳐나가는 것이 우선되어야 한다. 균형 있는 식사를 위해서는 곡류, 어육류, 채소류, 과일류, 유제품, 유지류 등의 6가지 식품군 섭취를 골고루 섭취해야 한다. 모든 영양소의 섭취가 과부족이 없어야 하겠으나, 특히 필수지방산, 비타민, 무기질 등의 섭취가 부족한 경우 피부 건강상태에 영향을 미치는 것으로 알려져 있다. 비타민의 결핍이 피부의 색소 침착을 유발하거나 건성화를 초래할 수 있으며 균형 잡힌 영양섭취가 이루어지지 않을 경우 정상적인 피부색과 탄력성 및 저항성을 잃게 된다. 그러므로 충분한 양의 과일과 채소를 섭취하고 다양한 식품 섭취를 통해서 미량 영양소들의 섭취가 부족하지 않도록 한다. 임의로 피부에 좋지 않은 음식이라고 하여 특정 식품 섭취를 지나치게 제한하는 경우, 영양소 결핍이 나타나 오히려 피부의 건강상태를 악화시킬 수 있으므로 이를 주의한다.

⑥ 운동과 건강

대부분의 경우 근력 · 근지구력 · 지구력 · 유연성을 기르기 위해 유산소운동을 포함한 종합적인 운동을 지속적이고 규칙적으로 실시하도록 유도한다.

운동시간은 1일 1회 30~40분 정도를 권장한다.

운동의 강도는 옆사람과 대화할 수 있는 중 정도의 강도를 권장하며, 운동하고 있는 중간에 많이 힘이 들 경우에는 조금만 힘든 정도의 느낌으로 운동 강도를 낮춘다.

운동 유형은 걷기와 자전거타기 등 칼로리 소비는 많게 하며 전신의 근육을 골고루 사용하는 운동을 권장한다. 그 외 유산소 운동에는 조깅 · 수영 · 노젓기 · 하이킹 등이 있으며, 유연성을 기르기 위해서는 스트레칭 등을 권장한다.

(2) 안전 및 유의사항

- 편안하고 쾌적한 시설의 상담실 내에서 이루어지도록 한다.
- 고객의 피부 유형을 정확히 파악한다.
- 고객에 부담을 주는 제품의 강요나 강매를 하지 않도록 한다.

(3) 수행 순서

- 서비스를 제공 받은 고객에게 제품을 선별하여 추천한다.
- 관리를 받은 고객에게 피부 타입별로 피부 상태에 맞는 제품을 선별하여 추천한다.
- 추천한 제품의 사용방법을 설명한다.
- 제품에 대한 지식을 갖고 관리자는 화장품 사용방법을 설명한다.
- 잘못된 생활환경 및 습관에 대해 조언한다.
- 생활 습관, 식습관, 수면, 화장품 사용 등의 잘못된 습관에 대하여 조언한다.

- 홈케어 진행 과정을 정기적으로 확인한다.
- 조언해준 홈케어를 정기적으로 확인하고 제품을 정확하게 사용하는지를 물어야 한다.
- 고객 피부 유형에 알맞은 홈케어 관리법에 대해 설명한다.

(4) 실천사항

- 다양한 제철 과일과 채소, 우유 제품을 매일 먹는다.
- 음주를 피한다.
- 아침을 거르지 않고 세끼 식사를 규칙적으로 즐겁게 한다.
- 가공식품과 인스턴트 식품, 튀긴 음식과 패스트푸드를 적게 먹는다.
- 음료로는 물을 마신다.
- 몸에 필수적인 영양소 공급을 위해 식사를 거르지 않고 규칙적으로 골고루 섭취한다.
- 아연이 풍부한 식품을 꼬박꼬박 챙겨 먹는다.
- 피부 조직을 형성하는 단백질, 필수지방산, 비타민 A, 비타민 C 등의 영양소가 풍부한 식품을 충분히 섭취한다.
- 충분한 수분을 섭취한다.
- 피부에 자극을 줄 수 있는 커피 등의 자극적인 음료를 피한다.
- 염증을 악화시키는 흡연이나 과음을 하지 않는다.

(5) 평가자체크리스트

능력단위 요소	수행 준거	성취도		
		상(5)	중(3)	하(1)
홈케어 조언하기 (1201010206_16v3.3)	서비스를 제공받은 고객에게 맞는 제품을 선별할 수 있다.			
	추천한 제품에 대한 사용방법을 설명할 수 있다.			
	잘못된 생활환경 및 습관에 대해 조언할 수 있다.			
	홈케어 진행과정을 정기적으로 확인할 수 있다.			

03 CHAPTER 국가기술자격(피부미용사) 출제기준 및 워크시트

01. 국가기술자격(피부미용사) 출제기준

1. 출제기준(필기)

2. 출제기준(실기)

3. 미용사(피부) 수험자 복장 감점 적용범위

4. 수정(표준화)실기시험문제(재료목록) Vol_3_2

5. 실기재료관련 FAQ

6. 미용사(피부) 실기시험문제 관련 FAQ(마스크 추가) 최종

국가기술자격 실기시험문제의 경우 배포, 출판이 금지되어 있으므로
공단 홈페이지(http://www.q-net) 자료실에서 참고하시기 바랍니다.

02. 워크시트

1. 고객상담카드

2. 피부분석카드

3. 관리계획카드

4. 화장품구매내역카드

5. 관리계획차트(국가기술자격 시험용)

1. 출제기준 (필기)

<table>
<tr><td>직무
분야</td><td>이용 · 숙박 · 여행
오락 · 스포츠</td><td>중직무
분야</td><td>이용 · 미용</td><td>자격
종목</td><td>미용사
(피부)</td><td>적용
기간</td><td>2016. 7. 1. ~ 2020. 12. 31.</td></tr>
<tr><td colspan="8">○직무내용 : 고객의 상담과 피부분석을 통해 안정감 있고 위생적인 환경에서 얼굴, 신체부위별 피부를 미용기기와 화장품을 이용하여 서비스를 제공하는 직무 수행</td></tr>
<tr><td colspan="2">필기검정방법</td><td colspan="2">객관식</td><td>문제수</td><td colspan="2">60</td><td>시험기간 | 1시간</td></tr>
</table>

필기과목명	문제수	주요항목	세부항목	세세항목
피부미용이론 해부생리학 피부미용 기기학 공중위생 관리학 화장품학	60	1. 피부미용이론	1. 피부미용개론	1. 피부미용의 개념 2. 피부미용의 역사
			2. 피부분석 및 상담	1. 피부분석의 목적 및 효과 2. 피부상담 3. 피부유형분석 4. 피부분석표
			3. 클렌징	1. 클렌징의 목적 및 효과 2. 클렌징 제품 3. 클렌징 방법
			4. 딥클린징	1. 딥클렌징의 목적 및 효과 2. 딥클렌징 제품 3. 딥클렌징 방법
			5. 피부유형별 화장품 도포	1. 화장품도포의 목적 및 효과 2. 피부유형별 화장품 종류 및 선택 3. 피부유형별 화장품 도포
			6. 메뉴얼테크닉	1. 메뉴얼테크닉의 목적 및 효과 2. 메뉴얼테크닉의 종류 및 방법
			7. 팩 · 마스크	1. 목적과 효과 2. 종류 및 사용방법
			8. 제모	1. 제모의 목적 및 효과 2. 제모의 종류 및 방법
			9. 신체 각 부위 (팔, 다리 등) 관리	1. 신체 각 부위(팔, 다리 등)관리의 목적 및 효과
			10. 마무리	1. 마무리의 목적 및 효과 2. 마무리의 방법
			11. 피부와 부속기관	1. 피부구조 및 기능 2. 피부 부속기관의 구조 및 기능
			12. 피부와 영양	1. 3대 영양소, 비타민, 무기질 2. 피부와 영양 3. 체형과 영양
			13. 피부장애와 질환	1. 원발진과 속발진 2. 피부질환
			14. 피부와 광선	1. 자외선이 미치는 영향 2. 적외선이 미치는 영향
			15. 피부면역	1. 면역의 종류와 작용
			16. 피부노화	1. 피부노화의 원인 2. 피부노화현상

필기과목명	문제수	주요항목	세부항목	세세항목
피부미용이론 해부생리학 피부미용 기기학 공중위생 관리학 화장품학		2. 해부생리학	1. 세포와 조직	1. 세포의 구조 및 작용 2. 조직구조 및 작용
			2. 뼈대(골격)계통	1. 뼈(골)의 형태 및 발생 2. 전신뼈대(전신골격)
			3. 근육계통	1. 근육의 형태 및 기능 2. 전신근육
			4. 신경계통	1. 신경조직 2. 중추신경 3. 말초신경
			5. 순환계통	1. 심장과 혈관 2. 림프
			6. 소화기계통	1. 소화기관의 종류 2. 소화와 흡수
		3. 피부미용 기기학	1. 피부미용기기 및 기구	1. 기본용어와 개념 2. 전기와 전류 3. 기기 · 기구의 종류 및 기능
			2. 피부미용기기 사용법	1. 기기 · 기구 사용법 2. 유형별 사용방법
		4. 화장품학	1. 화장품학개론	1. 화장품의 정의 2. 화장품의 분류
			2. 화장품제조	1. 화장품의 원료 2. 화장품의 기술 3. 화장품의 특성
			3. 화장품의 종류와 기능	1. 기초 화장품 2. 메이크업 화장품 3. 모발 화장품 4. 바디(body)관리 화장품 5. 네일 화장품 6. 향수 7. 에센셜(아로마) 오일 및 캐리어 오일 8. 기능성 화장품
		5. 공중위생관리학	1. 공중보건학	1. 공중보건학 총론 2. 질병관리 3. 가족 및 노인보건 4. 환경보건 5. 식품위생과 영양 6. 보건행정
			2. 소독학	1. 소독의 정의 및 분류 2. 미생물 총론 3. 병원성 미생물 4. 소독방법 5. 분야별 위생 · 소독
			3. 공중위생관리법규 (법, 시행령, 시행규칙)	1. 목적 및 정의 2. 영업의 신고 및 폐업 3. 영업자준수사항 4. 면허 5. 업무 6. 행정지도감독 7. 업소 위생등급 8. 위생교육 9. 벌칙 10. 시행령 및 시행규칙 관련사항

2. 출제기준 (실기)

직무 분야	이용 · 숙박 · 여행 오락 · 스포츠	중직무 분야	이용 · 미용	자격 종목	미용사 (피부)	적용 기간	2016. 7. 1. ~ 2020. 12. 31.

○ 직무내용 : 고객의 상담과 피부분석을 통해 안정감 있고 위생적인 환경에서 얼굴, 신체 부위별 피부를 미용기기와 화장품을 이용하여 서비스를 제공하는 직무 수행

○ 수행준거 : 1. 피부미용 실무를 위한 준비 및 위생사항 점검을 수행할 수 있다.
2. 피부의 타입에 따른 클렌징 및 딥클렌징을 할 수 있다.
3. 피부의 타입별 분석표를 작성할 수 있다.
4. 눈썹정리 및 왁싱 작업을 수행할 수 있다.
5. 손을 이용한 얼굴 및 신체 각 부위(팔, 다리 등)관리를 수행할 수 있다.

실기검정방법	작업형	시험시간	2시간 15분 정도

필기과목명	주요항목	세부항목	세세항목
피부미용실무	1. 피부미용이론	1. 피부미용 작업장위생 관리하기	1. 위생관리 지침에 따라 피부미용 작업장 위생 관리 업무를 책임자와 협의하여 준비, 수행할 수 있다. 2. 쾌적함을 주는 피부미용 작업장이 되도록 체크 리스트에 따라 환풍, 조도, 냉 · 난방시설에 대한 위생을 점검할 수 있다. 3. 위생관리 지침에 따라 피부미용 작업장 청소 및 소독 점검표를 기록할 수 있다. 4. 피부미용 작업장 소독계획에 따른 작업장 소독을 통해 작업장의 위생 상태를 관리할 수 있다.
		2. 피부미용 비품위생 관리하기	1. 위생관리 지침에 따라 피부미용 비품의 위생관리 업무를 책임자와 협의하여 준비, 수행할 수 있다. 2. 위생관리 지침에 따라 적절한 소독방법으로 피부관리실 내부의 비품을 소독하여 보관할 수 있다. 3. 소독제에 대한 유효기간을 점검할 수 있다. 4. 사용종류에 알맞은 피부미용 비품의 정리정돈을 수행할 수 있다.
		3. 피부미용사 위생관리하기	1. 위생관리 지침에 따라 피부미용사로서 깨끗한 위생복, 마스크, 실내화를 구비하여 착용할 수 있다. 2. 장신구는 피하고 가벼운 화장과 예의 있는 언행으로 작업장 근무수칙을 준수할 수 있다. 3. 위생관리 지침에 따라 두발, 손톱 등 단정한 용모와 신체 청결을 유지할 수 있다.
	2. 얼굴관리	1. 얼굴클렌징하기	1. 얼굴피부유형별 상태에 따라 클렌징 방법과 제품을 선택할 수 있다. 2. 눈, 입술 순서로 포인트 메이크업을 클렌징 할 수 있다. 3. 얼굴피부유형에 맞는 제품과 테크닉으로 클렌징 할 수 있다. 4. 온습포 또는 경우에 따라 냉습포로 닦아내고 토닉으로 정리할 수 있다.
		2.. 눈썹정리하기	1. 눈썹정리를 위해 도구를 소독하여 준비할 수 있다. 2. 고객이 선호하는 눈썹형태로 정리 할 수 있다. 3. 눈썹정리한 부위에 대한 진정관리를 실시할 수 있다.

필기과목명	주요항목	세부항목	세세항목
피부미용실무	2. 얼굴관리	3. 얼굴 딥클렌징하기	1. 피부 유형별 딥클렌징 제품을 선택 할 수 있다. 2. 선택된 딥클렌징 제품을 특성에 맞게 적용할 수 있다. 3. 피부미용기기 및 기구를 활용하여 딥클렌징을 적용할 수 있다.
		4. 얼굴 메뉴얼테크닉하기	1. 얼굴의 피부유형과 부위에 맞는 메뉴얼테크닉을 하기 위한 제품을 선택할 수 있다. 2. 선택된 제품을 피부에 도포할 수 있다. 3. 5가지 기본 동작을 이용하여 메뉴얼테크닉을 적용할 수 있다. 4. 얼굴의 피부상태와 부위에 적정한 리듬, 강약, 속도, 시간, 밀착 등을 조절하여 적용할 수 있다.
		5. 영양물질 도포하기	1. 피부유형에 따라 영양물질을 선택 할 수 있다. 2. 피부유형에 따라 영양물질을 필요한 부위에 도포 할 수 있다. 3. 제품의 특성에 따른 영양물질이 흡수되도록 할 수 있다.
		6. 얼굴 팩·마스크하기	1. 피부유형에 따른 팩과 마스크종류를 선택할 수 있다. 2. 제품 성질에 맞는 팩과 마스크를 적용할 수 있다. 3. 관리 후 팩과 마스크를 안전하게 제거할 수 있다.
		7. 마무리하기	1. 얼굴관리가 끝난 후 토닉으로 피부정리를 할 수 있다. 2. 고객의 얼굴피부유형에 따른 기초화장품류를 선택할 수 있다. 3. 영양물질을 흡수시키고 자외선 차단제를 사용하여 마무리 할 수 있다.
	3. 신체 각 부위별 피부관리	1. 신체 각 부위별 클렌징하기	1. 화장품 성분에 대한 지식을 이해하고 피부상태에 따라 클렌징 방법과 제품을 선택할 수 있다. 2. 클렌징 방법을 이해하고 클렌징 제품을 팔, 다리에 도포하여 순서에 맞게 연결 동작으로 가볍게 시행할 수 있다. 3. 마무리를 위하여 온 습포 등으로 잔여물을 닦아낸 후 토너로 피부를 정리할 수 있다.
		2. 신체부위별 딥클렌징하기	1. 전신 피부 유형별 딥클렌징 제품을 선택할 수 있다. 2. 선택된 딥클렌징 제품을 특성에 따라 전신 피부 유형에 맞게 적용할 수 있다. 3. 피부미용기기 및 기구를 활용하여 딥클렌징을 적용할 수 있다.

필기과목명	주요항목	세부항목	세세항목
피부미용실무	3. 신체 각 부위별 피부관리	3. 신체 부위별 피부관리하기	1. 손, 팔, 다리의 피부유형과 피부 상태를 파악하여 피부관리에 적합한 제품을 선택, 도포할 수 있다. 2. 손, 팔, 다리의 피부 상태를 파악하고 목적에 맞는 메뉴얼테크닉을 적용, 피부관리를 할 수 있다.
		4. 신체부위별 팩 · 마스크하기	1. 전신 피부유형에 따른 팩과 마스크종류를 선택할 수 있다. 2. 제품 성질에 맞게 팩과 마스크를 적용할 수 있다. 3. 관리 후 팩과 마스크를 안전하게 제거할 수 있다.
		5. 신체부위별 관리 마무리하기	1. 전신관리가 끝난 후 토닉으로 피부정리를 할 수 있다. 2. 고객의 전신 피부유형에 따른 기초화장품류를 선택할 수 있다. 3. 해당 부위에 맞는 제품을 선택 후 특성에 따라 적용할 수 있다. 4. 피부손질이 끝난 후 전신을 가볍게 이완할 수 있다.
	3. 피부미용 특수관리	1. 제모하기	1. 신체부위별 왁스를 선택하고 도구를 준비할 수 있다. 2. 제모할 부위에 털의 길이를 조절할 수 있다. 3. 제모 할 부위를 소독할 수 있다. 4. 수분제거용 파우더와 왁스를 적용할 수 있다. 5. 부위에 맞게 부직포를 밀착하여 떼어 낸 후 남은 털을 족집게로 정리할 수 있다. 6. 냉습포로 닦아낸 후 진정 제품으로 정돈할 수 있다.
		2. 림프관리하기	1. 림프관리시 금기해야할 상태를 구분할 수 있다. 2. 림프관리시 적용할 피부상태와 신체부위를 구분할 수 있다. 3. 림프절과 림프선을 알고 적절하게 관리할 수 있다. 4. 셀룰라이트 피부를 파악하여 림프관리를 적용할 수 있다. 5. 림프정체성 피부를 파악하여 림프관리를 적용할 수 있다.

3. 미용사(피부) 수험자 복장 감점 적용범위

구분	기준	내용	감점적용	비교
위생복 (가운)	반팔 흰색	민소매형(민소매 + 반팔티 포함)	✓	가운의 목깃, 허리 부분 길이, 디자인 등은 감점사항 아님
		긴팔(걷는 것도 포함)	✓	
		반팔가운이지만 속티가 길게 나온 경우	✓	
		하얀색 바탕에 검정무늬(단추 등 포함)	✓	비표식 개념
위생복 (하의)	흰색긴바지	검정, 회색, 아이보리, 베이지 등의 유색 하의	✓	하의의 종류, 재질및 디자인은 구분하지 않음
		긴바지가 아닌 하의 (반바지, 스타킹, 츄리닝, 레깅스 등)	✓	
		색줄 혹은 색무늬 있는 하의	✓	
		기타 흰색 외 색상	✓	
마스크	흰색	청색(하늘색 포함)	✓	청색은 비표식 개념 (수험자 재료목록 기재사항)
		미착용	✓	
		흰색 외 색상	✓	
신발	흰색 실내화	실내화가 아닌 신발(일반운동화, 구두 등실외에서 착용하는 신발 등)	✓	신발 앞 혹은 뒤가 터져 있는 경우 샌달 혹은 슬리퍼 형으로 간주
		샌달 형	✓	
		슬리퍼 형	✓	
		뒤가 터져 있는 간호사 신발	✓	
		선명하고 확실하게 구분되는 두꺼운 줄 및무늬가 있는 신발	✓	
		기타 흰색 외 색상	✓	
티셔츠	흰색	흰색을 제외한 유색 티셔츠 (가운 밖으로 노출이 되는 경우)	✓	비표식 개념
		목 전체를 덮는 폴라티	✓	
양말	흰색	흰색 외 색상(표시가 나는 유색 스타킹 등도 포함)	✓	복식은 흰색으로 통일하도록 되어 있으며, 유색은 비표식 개념
		※ 표시가 나지 않는 스타킹은 감점 제외		
		※ 양말은 안신은 경우(맨발)는 감점		
기타	검은색	검은색을 제외한 머리 띠 및 머리망, 머리핀 등의 머리 고정용품	✓	머리용은 검은색으로 통일하도록 되어 있으며, 흰색은 규정위반
		※ 검은색 고정용품에 큐빅 등이 있는 경우는 감점 제외		
		※ 반지, 귀걸이 등은 악세사리로 하여 위생점수에서 반영하면 됨 머리용은 검은색으로 통일하도록 되어 있으며, 흰색은 규정위반		

※ 양말 – 상표, 유색 테두리 허용

※ 신발 – 상표, 유색 테두리 허용, 젤리화, 크록스화, 벨크로형(찍찍이) 형태의 실내화 등 감점 (제시된 사진 참고)

※ 반팔 위생복(가운)의 팔부위에서 안쪽 옷(티셔츠)이 밖으로 나오면 감점

※ 허용 양말 및 신발 사진 예시

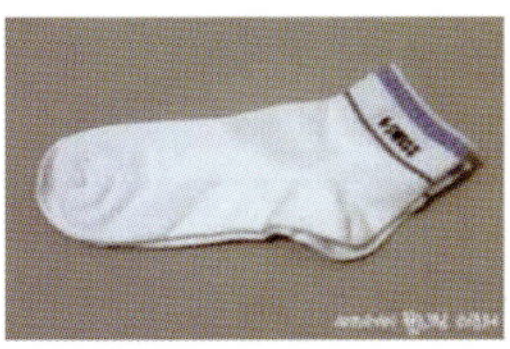
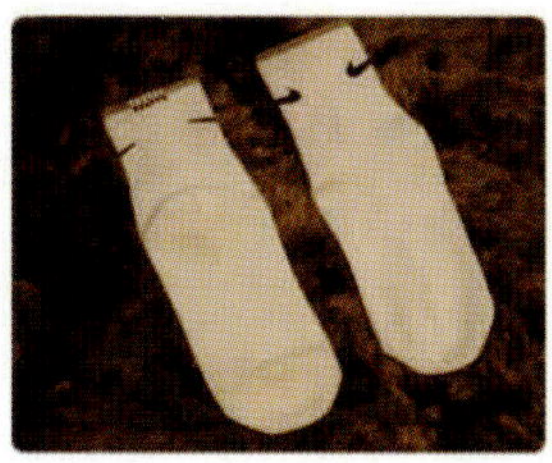
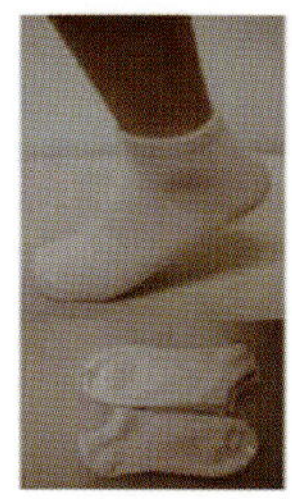

4. 수정(표준화)실기시험문제(재료목록) Vol_3_2

1) 지급재료 목록

자격종목	미용사(피부)

일련 번호	재료명	규격	단위	수량	비고
1	핫왁스	400~500 ml	개	1	7인당 1개
2	화장솜	100개	통	1	20인당 1개

2) 수험자 지참 공구목록

자격종목	미용사(피부)		

일련번호	지참 공구명	규격	단위	수량	비고
1	위생복	상의 반팔 가운, 하의 긴 바지	벌	1	모든 복식은 흰색 통일
2	실내화	흰색	켤레	1	실내화만 허용
3	마스크	흰색	개	1	
4	대형타월	100 x 180cm, 흰색	장	2	베드용, 모델용
5	중형타월	65 x 130cm, 흰색	장	1	
6	소형타월	35 x 80cm, 흰색	장	5장 이상	습포, 건포용
7	헤어터번(터번)	벨크로(찍찍이)형	개	1	분홍색 or 흰색
8	여성모델용 가운 및 겉가운	밴드(고무줄, 벨크로)형, 일반형(겉가운)	벌	1	분홍색 or 흰색
9	남성모델용 옷	박스형반바지 & 반팔 T-셔츠	벌	1	하의-베이지 or 남색 상의-흰색
10	모델용 슬리퍼		켤레	1	
11	필기도구	볼펜	자루	1	검은색 or 청색
12	알코올 및 분무기		개	1	필요량
13	일반솜		봉	1	탈지면, 필요량
14	비닐봉지, 비닐백	소형	장	각 1	쓰레기처리용, 습포보관용 (두터운 비닐백)
15	미용솜		통	1	화장솜
16	면봉		봉	1	필요량
17	티슈		통	1	필요량
18	붓	클렌징, 팩용	개	2	바디용 불가
19	해면		세트	1	필요량
20	스파튤라		개	3	클렌징, 펙용
21	보울(bowl)		개	3	클렌징, 팩 등
22	가위	소형	개	1	눈썹정리, 제모
23	족집게		개	1	눈썹정리, 제모
24	브러시		통	1	〃
25	눈썹칼	safety razer	개	1	눈썹정리
27	아이패드		개	1	거즈, 화장솜 가능
28	나무스파튤라		개	2	제모용
29	부직포	7 x 20cm	장	1	〃
30	장갑	라텍스	켤레	1	〃

			자격종목	미용사(피부)	
일련번호	지참 공구명	규격	단위	수량	비고
31	종이컵	100 ml	개	1	〃
32	보관통	컵형	개	2	스파튤라, 붓 등
33	보관통	뚜껑달린 통	개	2	알코올 솜 등
34	해면볼	소형	개	1	
35	바구니		개	2	정리용 사각
36	트레이(쟁반)	소형	개	1	습포용
37	효소		개	1	파우더형
38	고마쥐		개	1	크림형 or 젤형
39	AHA	함량 10% 이하	개	1	액체형
40	스크럽제		개	1	크림형 or 젤형
41	팩	크림타입	set	1	정상, 건성, 지성
42	스킨토너(화장수)		개	1	모든 피부용
43	크림, 오일	메뉴얼테크닉용	개	1	〃
44	탈컴 파우더		개	1	제모용
45	진정로션 혹은 젤		개	1	〃
46	영양크림		개	1	모든 피부용
47	아이 및 립크림		개	1	〃 (공용사용가능)
48	포인트 메이크업 리무버	아이, 립	개	1	모든 피부용
49	클렌징 제품	얼굴 등	개	1	〃
50	고무볼	중형	개	1	마스크용
51	석고마스크	파우더타입	개	1	1인 사용량
52	고무모델링마스크	파우더타입	개	1	1인 사용량
53	베이스크림	크림타입	개	1	석고 마스크용
54	모델		명	1	

※ 타월류의 경우는 비슷한 크기이면 무방합니다.

※ 기타 필요한 재료의 지참은 가능합니다.

※ 팩과 마스크, 딥클렌징용 제품을 제외한 다른 모든 화장품은 모든 피부용을 지참하십시오.

※ 바구니의 경우 왜건크기보다 크면 사용할 수 없습니다.

※ 부직포는 지정된 길이에 맞게 미리 잘라서 오시면 됩니다.

※ 재료에 관련된 자세한 사항은 홈페이지(www.hrdkorea.or.kr) 공지사항 및 FAQ 안내사항, 큐넷(www.q-net.or.kr)의 수험자 지참 재료목록 등을 참고로 하십시오.

5. 실기재료관련 FAQ(Vol. 2.6)

Q1. 위생복(관리사 가운)과 실내화, 마스크는 어떤 것으로 준비해야 합니까?

A1. 위생복은 현재 미용사(일반)에서 사용하고 있는 흰색 반팔 의사 가운 및 흰색 바지로, 몸의 모든 복식은 흰색으로 통일하시면 됩니다. 실내화도 역시 미용사(일반)에서 사용하는 앞, 뒤가 트이지 않은 실내화(운동화는 안되며, 반드시 실내화를 지참해야 함)를 준비하면 되고 관리 작업상 굽이 있는 경우도 가능합니다. 마스크의 경우는 약국 등에서 판매하는 일회용 흰색 마스크를 사용하시면 됩니다. 즉, 복장은 외부에서 보았을 때 머리부분의 악세사리를 제외하고 모두 흰색(양말 등 포함)이면 되며, 반팔 가운 밖으로 긴팔 옷을 입는다던지, 가운 밖으로 다른 색의 옷이 보인다던지 하면 채점 상 불이익을 받을 수 있습니다(흰색은 가능) 기타 자세한 사항은 "미용사(피부) 수험자 복장 감점 적용범위" 를 참고하시기 바랍니다.

Q2. 타월은 어떻게 준비하고 또 사용용도는 어떤가요?

A2. 타월은 대, 중, 소로 지정된 사이즈(대형의 경우 10% 정도의 크기 차이는 무방합니다.)로 준비하시면 되며, 대형은 베드 깔개와 1,3과제에서의 모델을 덮는 용으로, 중형은 2과제에서 신체 부위를 가리는 용도 및 목 등 부위 받침용으로, 소형은 기타 및 습포용으로 사용하시면 됩니다. 수량은 대형과 중형은 지정된 수량을 준비하면 되고, 소형은 작업에 필요한 습포의 양에 따라 최소 5장이상 가져오시면 됩니다(온장고에는 최대 6장까지 보관할 수 있습니다.). 그리고 대형의 경우 보통 피부미용업소에서 사용하는 베드용 타올의 폭으로 되어있는 것(100~135×180cm)도 무방합니다.

Q3. 모델용 가운은 어떻게 준비하나요?

A3. 모델용 가운은 지정된 색의 가급적 무늬가 없는 것으로 준비하시면 됩니다. 현란하거나 큰 무늬를 제외한 작은 무늬(일명 땡땡이 등)가 있는 정도는 허용하며, 밴드형과 벨크로(찍찍이)형 중 하나를 준비 하시면 됩니다. 그리고 겉가운은 검정시설 상 모델 대기실과 검정장이 떨어져 있어 이동을 해야 하는 경우가 많으므로 이때 사용하는 것으로 색깔 역시 지정된 색 계통으로 일반 가운형을 준비하시면 됩니다.

Q4. 남성 모델용 옷은 색상이 상하의 통일인가요?

A4. 남성 모델용 옷은 상의는 흰색, 하의는 베이지 혹은 남색으로 준비하시면 됩니다.

Q5. 모델용 슬리퍼는 특별한 제한이 없나요?

A5. 모델용 슬리퍼는 특별한 제한은 없습니다.

Q6. 알콜 및 분무기는 분무기에 알콜을 넣어오면 되는 건가요?

A6. 펌프식 혹은 스프레이식의 분무기에 알콜을 넣어오시면 되고 이것은 화장품, 기구 혹은 손 등의 소독시에 사용됩니다. 그리고 스프레이식을 사용하여 소독하는 것에 대한 감점 등의 사항은 없습니다.

Q7. 정리대는 가져가야 하나요?

A7. 왜건은 기본적인 검정장 시설에 속하므로 모두 구비되어 있습니다. 그러므로 가져오실 필요가 없습니다.

Q8. 미용솜과 일반솜은 무엇을 얘기하는 건가요?

A8. 미용솜은 일반 화장솜을, 일반솜은 탈지면(코튼)을 의미합니다. 둘 다 소독용 혹은 클렌징용으로 사용됩니다.

Q9. 보울과 대야(해면볼)는 어떤 사이즈를 준비하면 됩니까?

A9. 보울은 소형의 유리 혹은 플라스틱 볼을 준비하면 되고 화장품을 덜어서 사용하는 용도로 이용됩니다. 그리고 대야(해면볼)는 물을 떠놓거나 해면 볼로 사용됩니다. 대야의 경우는 대형 볼을 사용하셔도 됩니다.

Q10. 팩 시 거즈와 아이패드는 어떻게 사용되고 준비하여야 합니까?

A10. 거즈는 팩 시 얼굴 전체에 깔고 그 위에 팩을 도포하는 용도로 사용되는 것이 아니

고, 팩이나 딥크린징 시 입술을 덮는 용으로 사용되는 거즈를 의미합니다. 아이패드도 역시 팩이나 딥크린징 시 눈을 덮는 용도로 사용되며, 상품화된 아이패드를 사용하시던지, 아니면 일반적으로 화장솜을 덮어서 사용하셔도 됩니다. (단, 하반기부터 실시되는 마스크 시에는 얼굴전체에 깔고 그 위에 마스크를 도포하는 용도로 사용됩니다.)

Q11. 제모시의 부직포는 무엇이며 제시된 규격대로만 준비해야 합니까?

A11. 부직포는 제모시에 사용되는 머슬린 천으로 사용되는 용도의 종이(혹은 천)을 의미하며 일반적으로 롤로 말려서 상품화되어 판매되고 있습니다. 규격에 맞추어 준비해오시면 되고, 한 장만 사용하므로 정해진 크기의 부직포를 가지고 제모작업을 할 수 있을 정도로 제모부위를 정하시면 됩니다.

Q12. 보관통의 재질은 반드시 금속이어야 하나요?

A12. 보관통의 재질은 금속, 플라스틱, 유리 모두 관계없이 준비하시면 됩니다.

Q13. 딥클렌징용 화장품 4가지를 모두 준비해야 하나요?

A13. 딥클렌징 시에는 지정된 타입을 사용하시는 것이므로 목록의 4가지를 모두 준비해 오셔야 하며, 각각을 피부타입 별로 따로 더 많이 준비하실 필요는 없습니다. 이 중 효소는 가루를 물에 개어서 크림상으로 만들어 사용하는 것을 준비하셔야 합니다. AHA의 경우는 액체형으로 준비하시며, 시중에 있는 제품 중에서 함량표시가 되어있는 것이 많지 않으므로 함유표시는 있되, 함량이 겉으로 표시 안 된 제품을 가져오시는 경우 함량을 확인하여 준비하시고 만약에 지정된 함량 이상의 것을 사용하였을 때 심한 트러블이 생기는 경우는 수험자에게 귀책이 돌아갈 수 있습니다.

Q.14. 팩은 어떤 피부타입을 준비하면 됩니까?

A.15. 팩은 기본적으로 중성(정상), 지성, 건성의 3가지 피부타입을 기본으로 준비하시면 되고, 필요에 따라 여드름 혹은 민감성 등 기타 타입을 1~2가지 정도 더 준비하셔도 무방

합니다만 필수조건은 아닙니다. 그리고 팩은 기본적으로 크림 타입을 준비해 오시면 되며, 투명하거나 팩의 도포 타입 및 도포 방향 등을 구별할 수 없는 것은 제외됩니다.

Q15. 탈컴파우더는 베이비파우더를 준비해 와도 됩니까?

A15. 탈컴파우더를 사용하는 목적과 실제 효과가 베이비파우더와 유사하므로 베이비파우더로 대체하셔도 됩니다만 탈컴파우더를 권장합니다(이와 관련해서 감점 등은 없습니다.).

Q.16. 진정로션 혹은 젤 용으로 알로에 젤을 사용해도 됩니까?

A.16. 일반적으로 알로에의 함유량이 높은 알로에 젤이 진정용으로 많이 사용되고 있으므로 가능합니다.

Q.17. 아이크림과 립크림은 같이 사용하는 경우가 많은데 같이 사용해도 되나요?

A.17. 아이크림과 립크림은 각각 따로 준비하셔도 되고 같이 사용하셔도 됩니다.

Q.18. 메이크업 리무버와 클렌징 제품이 혼동됩니다. 설명해 주세요

A.18. 메이크업 리무버는 포인트 메이크업 리무버와 페이셜 클린저를 의미하며, 클렌징 제품은 바디 클렌징 제품으로 현재 시험에서는 알콜을 함유하고 있는 화장수 등으로 가볍게 닦아내는 클렌징을 하도록 되어 있으므로 이에 필요한 화장품을 중비하면 됩니다(추후 스크럽 및 클렌저를 사용하는 클렌징을 요구하는 문제가 공개되는 경우에는 거기에 맞는 제품을 준비하면 됩니다.).

Q.19. 팔, 다리 관리용 화장품은 어떤 타입이 사용됩니까?

A.19. 팔, 다리 관리용 화장품은 오일타입 및 크림타입 둘 다 사용이 가능합니다.

Q.20. 화장품은 어떤 형태로 가져와야 합니까?

A.20.화장품은 판매되는 제품으로 가져오시면 되고, 사용하시던 것도 무방합니다만 덜어오시는 것은 안됩니다. 그리고 외부 등에 관련된 화장품의 타입이나 용도 등이 프린트 혹

은 스티커(제품회사에서 붙인, 단 인쇄된 것이어야 하며, 조잡하게 프린트 되어 개인이 만들 수 있는 것과 구분이 되지 않는 것은 붙이지 말 것)등으로 적혀져 있으면 됩니다. 모든 피부용의 경우 "all skin type 혹은 모든 피부용"이라고 적혀 있지 않아도 범용 혹은 모든 피부에 사용할 수 있다는 등의 내용이 설명서 혹은 제품에 안내되어 있으면 사용 가능합니다. 그리고 딥클렌징제의 경우는 4가지 타입으로 목록상의 제품 성상에 맞는 제품이면 사용이 가능합니다. 그리고 화장품은 브랜드를 차별하지 않으며, 같은 회사의 라인으로 통일 시킬 필요도, 제품용량의 일정이상이 들어있을 필요도 없습니다.

Q.21. 기타 자신이 가지고 오고 싶은 도구를 가져오는 것은 가능한가요?

A.21. 목록상의 재료의 수량을 더 가져오시는 것은 가능합니다. 그러나 개인 왁스 및 왁스 워머는 따로 전원이 준비되지 못하므로 불가능하고 베게 등은 타올로 대체 가능하므로 불필요하며, 면시트 등은 검정장의 시설에 따라 적용사항이 다를 수 있으니 불필요합니다. 기타 화장품 등은 더 가져오셔도 됩니다.

Q.22. 2012년 목록에서 추가된 것은 어떠한 제품인가요?

A.22. 2012년 하반기(7월2일)부터 1과제에 마스크 및 마무리가 추가됨에 따라 마스크 작업에 필요한 지참 준비물이 추가됩니다. (고무볼, 석고마스크, 고무모델링마스크, 베이스 크림) q-net의 수험자지참재료목록을 통해 하반기부터 적용되는 새로운 "공개문제"에 따른 수험자지참재료목록의 추가사항을 확인하시면 되겠습니다.

※ 재료는 문제의 변경이나 기타 다른 사유로 수량 및 품목 등이 변경될 수도 있으니 정기적인 확인을 부탁드립니다.

※ 미용사(피부) 국가기술자격 종목의 실기 공개문제는 한국산업인력공단 검정포탈사이트 큐넷(www.q-net.or.kr)의 "고객만족→자료실→공개문제" 항목에서 확인하실 수 있습니다.

※ 기타 공지 되지 않은 사항 중 안내가 필요한 사항은 추후 FAQ를 통해 안내하거나, 원서 접수시 q-net의 수험자지참재료목록을 통해 공지하겠습니다.

※ 추후 공지되는 사항은 본 공단 홈페이지를 통해 확인하실 수 있습니다.

6. 미용사(피부) 실기시험문제 관련 FAQ(마스크 추가) 최종

Q1. 기존의 팩 작업이 변경되었나요?

A1. 기존의 팩 및 마무리(15분) → 팩(10분)으로 변경되었습니다. 팩 작업은 10분 동안 기존과 동일하게 진행하고 팩이 건조되면 해면이나 습포 등을 이용하여 제거하며 토닝 후, 마스크 작업 준비를 하시면 됩니다. 기존의 팩 작업 후에 했던 마무리는 마스크 작업 후에 합니다.

Q2. 고무 마스크 작업은 어떻게 해야 하나요?

A2. 마스크를 위한 기본 전처리를 실시하며 (젖은 아이패드 사용)석고마스크와 동일한 작업범위로 적용하여 도포합니다. 앰플이나 거즈는 적용할 필요는 없습니다.

Q3. 시중에 판매되고 있는 마스크의 종류가 다양한데 어떤 것을 준비해야 되나요?

A3. 석고 마스크와 고무 마스크의 추가 성분에 따른 제품의 종류에 특별한 제한을 두진 않습니다.(예: 비타민, 콜라겐, 녹차 등)

Q4. 석고 마스크 작업은 어떻게 해야 하나요?

A4. 마스크를 위한 기본 전처리를 실시하며 석고 베이스 크림을 도포하고,(젖은 아이패드와 젖은 거즈를 사용) 물에 갠 석고 파우더를 얼굴에서 목의 경계부위까지 (턱 하단 포함) 도포하되, 코와 입에 호흡을 할 수 있도록 도포하여야 합니다.

Q5. 석고 마스크 작업을 위해 미온수를 준비해야 하나요?

A5. 시험 중 수험자 편의를 위해 미온수를 별도로 제공 및 사용하지 않으며 석고팩의 종류를 제한하지 않기 때문에 반드시 미온수를 사용할 필요는 없습니다.

석고마스크의 경우 냉(cool)타입도 사용가능합니다.

Q6. 마스크 작업에 필요한 재료(파우더, 물)는 어떻게 가져 오나요?

A6. 마스크 파우더의 경우 시중에서 판매 되는 제품의 양이 많기 때문에 필요량만큼 위생적으로 청결한 상태의 용기나 지퍼백에 덜어 오시면 됩니다.

마스크에 사용되는 물의 경우도 시험장의 개수 시설에서 이용하시거나 필요량만큼 위생적으로 청결한 상태의 용기에 덜어 오시면 됩니다.

Q7. 마스크 도포 시 자리에 일어서서 도포해도 되나요?

A7. 기존의 팩 작업과는 달리 마스크는 제형특성상 흘러내릴 수가 있으므로 타인의 수험이나 시험 진행에 방해되지 않는 범위 내에서 필요에 따라 일어서서 도포하셔도 됩니다.

Q8. 마스크 도포가 끝난 후 도포된 부위의 가장자리에 티슈 처리를 해도 되나요?

A8. 마스크의 완성 상태를 평가해야 하므로 마스크가 도포된 가장자리에 티슈 처리 등 별도의 추가 작업을 해서는 안됩니다.

Q9. 마스크 작업 후 마무리는 어떻게 하나요?

A9. 기존의 팩 작업 후에 하셨던 최종 마무리를 마스크 작업 후에 하시면 됩니다.

팩은 마무리 과정없이 10분 동안, 마스크는 마무리 작업을 포함하여 마스크 전체 과제를 20분 동안 수행하시면 됩니다.

Q.10 시험 중 마스크 작업으로 추가되는 재료는 정리대의 상단에 보관해야 되나요?

A.10 마스크 작업이 1과제에 해당되므로 정리대의 상단에 보관하는 것이 좋으나 정리대의 상단이 복잡할 경우 필요 시, 하단에 보관하셔도 됩니다. 다만, 시험 진행 중 정리대의 위생 상태가 청결하도록 유지하여야 합니다.

※ 미용사(피부)에 관련된 기본 사항은 본 공단 홈페이지(http://www.q-net) 자료실(공개문제)에 이미 공개되어 있는 미용사(피부) 관련 FAQ를 참고하시기 바랍니다.

고객상담카드			
고객번호		일자	
고객명		담당자	
생년월일	( )세	성별	남 □ 여 □
방문동기			
희망프로그램			
기대 및 개선 사항			
관리 경험	있음(관리종류 ______) □ 없음 □		
주소			
연락처			
직업	내근 □ 외근 □		
결혼	기혼 □ 미혼 □		
생리주기	규칙 □ 불규칙 □ 완경 □		
임신유무	예 □ 아니오 □		
건강상태	좋음 □ 보통 □ 나쁨 □		
체형타입	마른체형 □ 보통체형 □ 통통한체형 □		
병력 및 의약품복용			
알레르기유무			
식습관	규칙 □ 불규칙 □		
수면습관	규칙 □ 불규칙 □		
기호식품			
신체활동(운동)	유(회/주) ______ □ 무 □		
사용화장품			
기타			

2. 피부분석카드

피부분석카드

고객번호		일자	
고객명		담당자	
생년월일	(　) 세	성별	남 □　여 □

피부결	섬세함 □　보통 □　거침 □
모공상태	작다 □　보통 □　크다 □
혈액순환	부족 □　보통 □　과다 □　혈관확장부위 :
피지분비	부족 □　정상 □　과잉 □
여드름	화이트헤드 □　블랙헤드 □　구진 □　농포 □　결절 □　낭종 □
보습도	부족 □　정상 □
탄력도	저하 □　정상 □
주름	표정주름 □　표피주름 □　진성주름 □
예민도	예민 □　정상 □　매우예민 □
색소침착	기미 □　주근깨 □　검버섯 □　잡티 □
피부타입	정상 □　건성 □　지성 □　복합성 □
종합의견	

해당항목에 체크	
여드름	
혈관확장	
색소침착	
색소결핍	
흉터	
점	
주름	
다크서클	
켈로이드	
기타	

3. 관리계획카드

<table>
<tr><th colspan="4">관리계획카드</th></tr>
<tr><td>고객번호</td><td></td><td>일자</td><td></td></tr>
<tr><td>고객명</td><td></td><td>담당자</td><td></td></tr>
<tr><td rowspan="2">관리목적
및
기대효과</td><td colspan="3">관리목적 :</td></tr>
<tr><td colspan="3">기대효과 :</td></tr>
<tr><td>클렌징</td><td colspan="3">오일 □ 크림 □ 밀크 / 로션 □ 젤 □</td></tr>
<tr><td>딥클렌징</td><td colspan="3">고마쥐 (gommage) □ 효소 (enzyme) □ AHA □ 스크럽 □</td></tr>
<tr><td>메뉴얼테크닉 제품타입</td><td colspan="3">오일 □ 크림 □</td></tr>
<tr><td>손을 이용한 관리형태</td><td colspan="3">일반 □ 미용경락 □ 림프 □</td></tr>
<tr><td rowspan="3">팩</td><td colspan="3">T–존 : 건성타입 팩 □ 정상타입 팩 □ 지성타입 팩 □</td></tr>
<tr><td colspan="3">U–존 : 건성타입 팩 □ 정상타입 팩 □ 지성타입 팩 □</td></tr>
<tr><td colspan="3">목부위 : 건성타입 팩 □ 정상타입 팩 □ 지성타입 팩 □</td></tr>
<tr><td>마스크</td><td colspan="3">석고 마스크 □ 고무모델링 마스크 □ 기타특수 마스크 □</td></tr>
<tr><td rowspan="4">고객관리계획</td><td colspan="3">1 주 :</td></tr>
<tr><td colspan="3">2 주 :</td></tr>
<tr><td colspan="3">3 주 :</td></tr>
<tr><td colspan="3">4 주 :</td></tr>
<tr><td rowspan="2">자가관리
(홈케어)
조언</td><td colspan="3"></td></tr>
<tr><td colspan="3">기타 :</td></tr>
</table>

4. 화장품구매내역카드

화장품구매내역카드								
제품 / 일자	클렌징	딥클렌징	화장수	보습제	팩	자외선 차단제	기타	판매자
/								
/								
/								
/								
/								
/								
/								
/								
/								
/								
/								
/								

5. 관리계획차트(국가기술자격 시험용)

(1) 정상피부 관리계획표

<table>
<tr><th colspan="3">관리계획 차트 (Care Plan Chart)</th></tr>
<tr><td>비번호</td><td>형별</td><td>시험일자 20 . . .(부)</td></tr>
<tr><td rowspan="2">관리목적
및
기대효과</td><td colspan="2">관리목적 :</td></tr>
<tr><td colspan="2">기대효과 :</td></tr>
<tr><td>클렌징</td><td colspan="2">□ 오일 □ 크림 □ 밀크/로션 □ 젤</td></tr>
<tr><td>딥클렌징</td><td colspan="2">□ 고마쥐(gommage) □ 효소(enzyme) □ AHA □ 스크럽</td></tr>
<tr><td>메뉴얼테크닉 제품타입</td><td colspan="2">□ 오일 □ 크림</td></tr>
<tr><td>손을 이용한 관리형태</td><td colspan="2">□ 일반 □ 림프</td></tr>
<tr><td rowspan="3">팩</td><td colspan="2">T–존 : □ 건성타입 팩 □ 정상타입 팩 □ 지성타입 팩</td></tr>
<tr><td colspan="2">U–존 : □ 건성타입 팩 □ 정상타입 팩 □ 지성타입 팩</td></tr>
<tr><td colspan="2">목부위 : □ 건성타입 팩 □ 정상타입 팩 □ 지성타입 팩</td></tr>
<tr><td>마스크</td><td colspan="2">□ 석고 마스크 □ 고무모델링 마스크</td></tr>
<tr><td rowspan="4">고객관리계획</td><td colspan="2">1주 :</td></tr>
<tr><td colspan="2">2주 :</td></tr>
<tr><td colspan="2">3주 :</td></tr>
<tr><td colspan="2">4주 :</td></tr>
<tr><td rowspan="2">자가관리
(홈케어)
조언</td><td colspan="2">제품을 사용한 관리 :</td></tr>
<tr><td colspan="2">기타 :</td></tr>
</table>

(2) 건성피부 관리계획표

관리계획 차트 (Care Plan Chart)

비번호	형별	시험일자 20 . . .(부)
관리목적 및 기대효과	관리목적 : 기대효과 :	
클렌징	□ 오일 □ 크림 □ 밀크/로션 □ 젤	
딥클렌징	□ 고마쥐(gommage) □ 효소(enzyme) □ AHA □ 스크럽	
메뉴얼테크닉 제품타입	□ 오일 □ 크림	
손을 이용한 관리형태	□ 일반 □ 림프	
팩	T–존 : □ 건성타입 팩 □ 정상타입 팩 □ 지성타입 팩 U–존 : □ 건성타입 팩 □ 정상타입 팩 □ 지성타입 팩 목부위 : □ 건성타입 팩 □ 정상타입 팩 □ 지성타입 팩	
마스크	□ 석고 마스크 □ 고무모델링 마스크	
고객관리계획	1주 : 2주 : 3주 : 4주 :	
자가관리 (홈케어) 조언	제품을 사용한 관리 : 기타 :	

(3) 지성피부 관리계획표

<table>
<tr><th colspan="3">관리계획 차트 (Care Plan Chart)</th></tr>
<tr><td>비번호</td><td>형별</td><td>시험일자 20 . . .(부)</td></tr>
<tr><td rowspan="2">관리목적
및
기대효과</td><td colspan="2">관리목적 :</td></tr>
<tr><td colspan="2">기대효과 :</td></tr>
<tr><td>클렌징</td><td colspan="2">□ 오일 □ 크림 □ 밀크/로션 □ 젤</td></tr>
<tr><td>딥클렌징</td><td colspan="2">□ 고마쥐(gommage) □ 효소(enzyme) □ AHA □ 스크럽</td></tr>
<tr><td>메뉴얼테크닉 제품타입</td><td colspan="2">□ 오일 □ 크림</td></tr>
<tr><td>손을 이용한 관리형태</td><td colspan="2">□ 일반 □ 림프</td></tr>
<tr><td rowspan="3">팩</td><td colspan="2">T-존 : □ 건성타입 팩 □ 정상타입 팩 □ 지성타입 팩</td></tr>
<tr><td colspan="2">U-존 : □ 건성타입 팩 □ 정상타입 팩 □ 지성타입 팩</td></tr>
<tr><td colspan="2">목부위 : □ 건성타입 팩 □ 정상타입 팩 □ 지성타입 팩</td></tr>
<tr><td>마스크</td><td colspan="2">□ 석고 마스크 □ 고무모델링 마스크</td></tr>
<tr><td rowspan="4">고객관리계획</td><td colspan="2">1주 :</td></tr>
<tr><td colspan="2">2주 :</td></tr>
<tr><td colspan="2">3주 :</td></tr>
<tr><td colspan="2">4주 :</td></tr>
<tr><td rowspan="2">자가관리
(홈케어)
조언</td><td colspan="2">제품을 사용한 관리 :</td></tr>
<tr><td colspan="2">기타 :</td></tr>
</table>

(4) 복합성피부 관리계획표

<table>
<tr><td colspan="3">관리계획 차트 (Care Plan Chart)</td></tr>
<tr><td>비번호</td><td>형별</td><td>시험일자 20 . . .(부)</td></tr>
<tr><td rowspan="2">관리목적
및
기대효과</td><td colspan="2">관리목적 :</td></tr>
<tr><td colspan="2">기대효과 :</td></tr>
<tr><td>클렌징</td><td colspan="2">□ 오일 □ 크림 □ 밀크/로션 □ 젤</td></tr>
<tr><td>딥클렌징</td><td colspan="2">□ 고마쥐(gommage) □ 효소(enzyme) □ AHA □ 스크럽</td></tr>
<tr><td>메뉴얼테크닉 제품타입</td><td colspan="2">□ 오일 □ 크림</td></tr>
<tr><td>손을 이용한 관리형태</td><td colspan="2">□ 일반 □ 림프</td></tr>
<tr><td rowspan="3">팩</td><td colspan="2">T-존 : □ 건성타입 팩 □ 정상타입 팩 □ 지성타입 팩</td></tr>
<tr><td colspan="2">U-존 : □ 건성타입 팩 □ 정상타입 팩 □ 지성타입 팩</td></tr>
<tr><td colspan="2">목부위 : □ 건성타입 팩 □ 정상타입 팩 □ 지성타입 팩</td></tr>
<tr><td>마스크</td><td colspan="2">□ 석고 마스크 □ 고무모델링 마스크</td></tr>
<tr><td rowspan="4">고객관리계획</td><td colspan="2">1주 :</td></tr>
<tr><td colspan="2">2주 :</td></tr>
<tr><td colspan="2">3주 :</td></tr>
<tr><td colspan="2">4주 :</td></tr>
<tr><td rowspan="2">자가관리
(홈케어)
조언</td><td colspan="2">제품을 사용한 관리 :</td></tr>
<tr><td colspan="2">기타 :</td></tr>
</table>

참고문헌

저서

김경미 외5인, NCS를 기반으로 한 기초피부미용관리학, 메디시언, 2016

김진호, 한태륜 외, 재활의학, 군자출판사, 2013

김홍석, 화장품전문가과정

이윤경, 우리가 스킨케어 할 때 이야기하는 모든 것, 성안당, 2010

전국물리치료과 교수협의회, 타이디 질환별 물리치료, 군자출판사, 2013

키스너 콜비, 운동치료총론, 영문출판사, 2010

인터넷 사이트

국가직무능력표준 http://www.ncs.go.kr

네이버 지식백과 http://terms.naver.com/

법제처 국가법령정보센터 http://www.law.go.kr

학술논문 및 보고자료, 기타자료

국가직무능력표준 학습모듈

김지영, 해면의 미생물 오염도 및 피부미용사의 손 씻기와 소독 도구에 따른 미생물 군락 수 변화,

서경대학교 미용예술과 피부미용전공 석사학위논문, 2009

소비자안전센터 소비자안전국 식의약안전팀, 피부미용서비스 안전실태조사, 2010

박미라, 피부미용 관리업소에서 재사용되는 해면의 세균 오염도, 고신대학교 보건대학원 석사학위논문, 2003

사진촬영

박은경

이정희

사진제공

윤미정

DeNavi(European Aesthetic & Spa)

상아코스메틱

저자약력

- **박은경**
  충청대학교 교수

- **이정희**
  광주여자대학교 교수

NCS 기초피부관리

초 판 인 쇄 2017년 8월 18일
초 판 발 행 2017년 8월 25일
초판 2쇄 발행 2023년 3월 15일

저 자 박은경 · 이정희
발 행 인 **조규백**
발 행 처 도서출판 **구민사**
(07293)
서울특별시 영등포구 문래북로 116, 604호(문래동3가 46, 트리플렉스)
전 화 (02) 701-7421(~2)
팩 스 (02) 3273-9642
홈 페 이 지 www.kuminsa.co.kr
신 고 번 호 제 2012-000055호(1980년 2월 4일)
I S B N 979-11-5813-470-9 [13590]
값 **24,000원**